中国电子教育学会高教分会推荐

普通高等教育电子信息类"十三五"课改规划教材

SMT 工程实训指导

赵毓林　张磊邦　蒋建波　张松海　编

西安电子科技大学出版社

内 容 简 介

本书是《Altium Designer 原理图与 PCB 设计》(西安电子科技大学出版社,赵毓林编)一书的配套实验指导书。本书以目前电子组装技术主流 SMT 为主要内容,以自主研发的 MP3-FM 播放器为教学实例,使学生逐步了解并掌握现代电子产品的设计、制造、生产、装配、检测、调试全过程。全书共 7 章,包括表面贴装技术基础、表面贴装工艺与设备、印制电路板制作技术、MP3-FM 播放器基本原理、MP3-FM 贴片与焊接、MP3-FM 功能检查与技术指标测试、MP3-FM 播放器总装配。通过对本书的学习,学生能够初步掌握现代电子设计与制造方法,熟练掌握电子制造设备、检测设备的使用,达到提高综合实践动手能力的目的。

本书适用于各大专业院校电子设计与工艺实习、电工电子技能实训、创新实验及全校素质选修课、学生科技创新、全国大学生电子设计大赛相关课程,也可作为课外参考用书。

图书在版编目(CIP)数据

SMT 工程实训指导/赵毓林等编. —西安:西安电子科技大学出版社,2017.9(2017.12 重印)
ISBN 978−7−5606−4650−3

Ⅰ. ① S… Ⅱ. ① 赵… Ⅲ. ① SMT 技术 Ⅳ. ① TN305

中国版本图书馆 CIP 数据核字(2017)第 198831 号

策　　划　毛红兵
责任编辑　毛红兵　张　倩
出版发行　西安电子科技大学出版社(西安市太白南路 2 号)
电　　话　(029)88242885　88201467　　邮　　编　710071
网　　址　www.xduph.com　　　　　电子邮箱　xdupfxb001@163.com
经　　销　新华书店
印刷单位　陕西华沐印刷科技有限责任公司
版　　次　2017 年 9 月第 1 版　　2017 年 12 月第 2 次印刷
开　　本　787 毫米×1092 毫米　1/16　印　张　7.875
字　　数　179 千字
印　　数　301～2300 册
定　　价　18.00 元

ISBN 978−7−5606−4650−3/TN
XDUP 4942001−2
如有印装问题可调换

前　　言

电子科学技术是目前信息时代的标志，而培养高科技的创新技术人才是当今电子科学技术得以发展的重要基础。在学习电子技术理论的过程中，我们需要不断地将理论与实践结合起来，以便学以致用。本书结合学校电子设计与制作实践教学改革、实验平台综合体系建设、编者多年的实践教学经验编写而成。编者把研发制作的由 SMT 电子元器件组成的 MP3-FM 播放器，成功地应用到学校 SMT 工程实践教学中。通过不同阶段的实训，激发了学生的学习热情，取得了良好的教学效果，受到了学校广大师生特别是全校素质选修课学生的好评。

本书通过许多实物图片及实例，由浅入深地介绍了 MP3-FM 播放器的设计与制造全过程，使学生在学校学习期间通过 MP3-FM 播放器的整个制作过程，包括电子产品的研发设计、工艺制作流程、焊接装配、调试检测等，能亲自接触并感受到与现代电子制造企业相类似的实验环境。通过不同实践环节，提高学生的动手能力和综合应用能力，使学生的理论学习与实践能够良好对接，为创新教学开展搭建了平台。

全书共 7 章，各章内容如下：

第 1 章：介绍了表面贴装技术的特点及应用、表面贴装元器件、表面贴装印制板和材料的基础知识。

第 2 章：介绍了表面贴装元器件的基本形式与工艺，涂覆工艺与设备，贴片工艺与设备，再流焊工艺与设备，测试、返修及清洗工艺与设备，表面贴装生产线的基本要求。

第 3 章：重点介绍了印制电路板基础知识，包括材料、种类，印制电路板制作设备和印制电路板制作的方法流程。

第 4 章：介绍了 MP3 播放器和 FM 播放器的基本概念，MP3-FM 播放器设计制作背景，MP3-FM 播放器的电路组成原理，各电子芯片的功能及作用。

第 5 章：主要介绍了 MP3-FM 播放器焊接流程及方法，包括贴片元件的识别应用、焊膏印刷机的操作、贴片元件的装贴流程方法、回流焊设备的操作使用、回流焊的质量检查。

第 6 章：介绍了 MP3-FM 功能检查与技术指标测试方法。在技术指标的测试中，着重介绍了功率放大器技术指标测量方法。

第 7 章：介绍了 MP3-FM 播放器外壳加工制作、总装配与装配后的检查方法。

本实验指导书有如下特点：

(1) 以 SMT 元器件组成的 MP3-FM 播放器的制作实例作为主要内容，通过不同环节的学习使学生逐步了解现代电子产品的设计、制造、生产、装配、检测、调试全过程。

(2) 有效地配合课程内容与实验教学综合体系改革，促进了实验室的建设发展。

(3) 实训内容详细完整，能结合大多数高等学校实验中心实验设备配套开展教学。

(4) 通过整个实践教学环节，促使学生熟练掌握并使用实验室的各种先进设备。

(5) 以图文并茂的形式开展实验，提供了多媒体材料及视频，内容通俗易懂。

本书适用于各大专院校电子设计与工艺实习、电工电子技能实训、创新实验及全校素质选修课、学生科技创新、全国大学生电子设计大赛相关课程，也可作为课外参考用书。

本书由云南大学信息学院实验中心教材编写组编写，赵毓林完成了第 3、4、5、6 章节的编写，张磊邦、蒋建波、张松海参加了 MP3-FM 播放器的研发和本书的编写工作。本书在编写过程中得到了余江教授、杨鉴教授、谢戈高级实验师的大力支持。第 1、2 章的编写参考了清华大学电子工艺实习教研组的《电子技术工艺基础(第 2 版)》中的相关章节，在此对这些作者表示感谢！

由于作者水平有限，书中难免存在不妥之处，敬请读者批评指正。

作　者

2017 年 4 月 15 日

目　　录

第1章 表面贴装技术基础

电子组装技术是实现电子系统小型化、微型化和规模化生产的关键技术。由于电子技术发展的历史时期不同，电子产品的装配技术存在着历史的烙印及差异惯性的问题，不同时期的电子产品从另外一个层面反映了当时电子组装技术的发展水平与时代背景。就目前来说，传统的电子组装技术在相当一段时期内将继续发挥作用，但新一代电子组装技术必将逐步取代传统的电子组装方式，这是现代电子制造技术的发展趋势。

本书将带领你纵观现代电子组装技术的发展，熟悉目前组装技术的主流——SMT 表面贴装技术。本书以 MP3-FM 播放器工程制作学习为例，通过不同阶段内容的学习逐步使大家了解现代电子产品的设计制造、生产装配、检测调试过程。通过学习，使学生掌握现代电子设计制造的方法，熟练使用电子制造设备、检测设备，达到提高学生综合实践动手能力的目的。

1.1 概　述

1.1.1 表面贴装技术

1. 表面贴装技术的概念

表面贴装技术是一种电子产品组装技术，简称 SMT(Surface Mount Technology)，又称为表面组装技术。按英文原义，应该称 SMT 为表面安装技术，早期的技术资料也是这样翻译的。虽然国家制定技术标准时将 SMT 定义为表面组装技术，但现在业界使用最普遍的名称却是表面贴装技术(简称表贴技术)。这是因为"贴装"形象地表达了这种组装方式的特点，即把片式元器件贴在印制电路板的表面。

表面贴装是将体积缩小的无引线或短引线片状元器件直接贴装在印制板铜箔上，焊点与元器件在电路板的同一面。

表面贴装技术从原理上说并不复杂，似乎只是通孔插装技术的简单改进。但实际上这种改进引发了从电子产品设计理念、设计规则到具体方法的设计变革，以及从组装材料、工艺、设备到工业环境、企业管理等电子组装技术全过程的变革，实现了电子产品组装的高密度、高可靠、小型化、低成本以及生产的自动化、智能化，因此 SMT 完全可以称为组装制造技术的一次革命。现在表面贴装技术已成为现代电子组装制造业的主流技术。我们使用的各种移动数码产品，如计算机、手机、平板电视机、数码相机等，几乎所有与电子有关的产品，都离不开 SMT。图 1.1.1 所示是采用 SMT 制作的实训产品 MP3-FM 播放器电路板组件。

图 1.1.1 采用 SMT 制作的实训产品 MP3-FM 播放器电路板组件

2. SMT 与 THT

在 SMT 兴起之前，电子安装采用通孔插装技术，简称 THT(Through Hole Technology)，其基本特征是元器件有较长引线，需要将元器件插入印制电路板上的通孔，在印制板另一面焊接。这种技术曾经作为电子组装的主流技术在电子产品中长期、广泛应用。随着半导体集成电路的飞速发展，以及计算机、信息时代的到来，这种传统的技术已不能满足现代电子设备小型化、规模化、高性能、高速度(信息处理速度)、高可靠性的需要。

表面贴装技术是克服通孔插装技术的局限性而发展起来的，例如，通孔插装需要在印制电路板上打孔，再将长引脚元器件插入通孔，在电路板的另一面焊接而实现安装。图 1.1.2 所示是 SMT 与 THT 两种安装方式示意图。

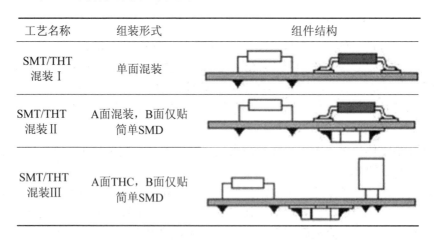

工艺名称	组装形式	组件结构
SMT/THT 混装 I	单面混装	
SMT/THT 混装 II	A面混装，B面仅贴简单SMD	
SMT/THT 混装III	A面THC，B面仅贴简单SMD	

注：THC：通孔插装组件；SMD：表面贴装器件。

图 1.1.2　SMT 与 THT 两种安装方式示意图

元器件长引脚与插入通孔方式是 THT 的特点，也是造成电子产品体积大、笨重的根源。元器件无引脚或短引脚和贴装方式是 SMT 的特点，也是制造小型化、轻型化电子产品的关键。THT 和 SMT 的比较如表 1.1.1 所示。

表 1.1.1　THT 与 SMT 的比较

技术	年代	技术缩写	代表元器件	安装基板	安装方法	焊接技术
通孔插装	20 世纪 50～70 年代	THT	晶体管，轴向引线元件	单、双面 PCB	手工、半自动插装	手工焊，浸焊
	20 世纪 60～80 年代		单、双列直插 IC，轴向引线元器件编带	单面及多层 PCB	手工、半自动、全自动插装	波峰焊，浸焊，手工焊
表面贴装	20 世纪 70 年代开始	SMT	SMC、SMD 片式封装 VSI、VLSI	高质量 SMB	全自动贴片机	波峰焊，再流焊

　　SMT 已经在很多领域取代了传统的通孔插装技术，并且这种趋势还在发展。目前，在大多数移动产品及微型数码产品毫无例外都采用 SMT 制造,预计未来 90% 以上电子信息产品将主要采用 SMT 制造。

1.1.2　表面贴装技术的内容

　　作为一门组装制造技术，表面贴装技术主要由基础(元器件、印制板和材料)，工艺与设备两大部分组成。而工艺与设备又包括主干工艺与设备(涂覆、贴片、焊接)、辅助工艺与设备(清洗、检测、返修等)两类。

　　作为一个现代制造产业，从技术科学和技术整合发展的层面看，SMT 不仅包括上述两大部分，还包括 SMT 设计(包括产品组装设计、可制造性设计、电磁兼容设计、热设计、防护设计等)和 SMT 管理(包括质量、工艺、设备、企业资源等)。SMT 的内容如图 1.1.3 所示。

图 1.1.3　SMT 的内容

1.1.3　表面贴装技术的特点及应用

1. SMT 的特点

1) 优点

(1) 高密集：片状模塑料(Sheet molding compound，SMC)、表面贴装器件(Surface Mounted Devices，SMD)的体积只有传统元器件的三分之一至十分之一左右，可以装在印制电路板(Printed Circuit Board，PCB)的两面，以有效利用印制板的面积，减轻电路板的重量。采用了 SMT 后，一般可使电子产品的体积缩小 40%～60%，重量减轻 60%～80%。

(2) 高可靠：SMC 和 SMD 无引线或引线很短，重量轻，因而抗振能力强，焊点失效率比 THT 至少降低一个数量级，大大提高产品可靠性。

(3) 高性能：SMT 密集安装减小了电磁干扰和射频干扰，尤其在高频电路中减小了分布参数的影响，提高了信号传输速度，改善了高频特性，使整个产品性能提高。采用 THT，电路工作频率大于 500 MHz 就很难实现；而目前采用 SMT 后，电路工作频率可达 3 GHz。可以毫不夸张地说，没有 SMT 就没有计算机、手机等现代高频产品。

(4) 高效率：SMT 更适合自动化大规模生产。采用计算机集成制造系统(CIMS)可使整个生产过程高度自动化，将生产效率提高到新的水平。

(5) 低成本：SMT 使 PCB 面积减小，成本降低；无引线和短引线使 SMD、SMC 成本降低，安装中省去了引线成形、打弯、剪线的工序；频率特性提高，减少了调试费用；焊点可靠性提高，减小了调试和维修成本。一般情况下，采用 SMT 后可使产品总成本下降 30%以上。

2) 缺点

(1) 表面贴装(SMT)元器件不能涵盖所有电子元器件。尽管大部分元器件都有表贴封装，但仍然有一部分元器件不适用或难以采用表贴封装，例如大容量电容、大功率器件等。

(2) 技术要求高。涉及学科广，对从业人员技术要求高。

(3) 初始投资大。生产设备结构复杂，涉及技术面宽，费用昂贵。

2. SMT 的应用

现在，大多数有 50 个以上元件的 SMT 板都采用 SMT 元器件与通孔元器件的结合，其混合度是产品性能、元件可获得性和成本的函数。目前常见的是 80%的 SMT 元器件与 20%的通孔元器件的混合，其发展趋向是 SMT 元器件的比例不断增加，100% SMT 元器件的产品越来越多。

由于一部分元器件不适用或难以采用表贴封装，因此应根据产品要求、元器件情况及制造条件来选择最佳方案以获得最好性价比。

1.1.4 表面贴装技术的发展

以集成电路封装的发展和无源元件小型化的进程为标志，表面贴装技术可以描述为特征明显的三代发展进程。

1. 第一代 SMT 技术——扁平周边引线封装及片式元件贴装技术

(1) 时代：20 世纪 70～80 年代。

(2) 电子元器件：
- 集成电路　封装形式 SOP / SSOP / QFP / TQFP
　　　　　　　引线间距 1.27　1.0　0.8　　0.65　0.5　0.4　0.3
- 印制电路板　双面板、多层板

(3) 典型组装工艺：
- 手工贴装与焊接

- 波峰焊
- 再流焊

(4) 组装设备：
- 波峰焊机
- 印刷机
- 高速贴片机+多功能贴片机
- 再流焊机

2. 第二代 SMT 技术——底部引线(BGA)封装细小元件贴装技术

(1) 时代：20 世纪 90 年代。

(2) 电子元器件：
- 集成电路　封装形式　BGA/QFN
  引线间距　1.5　1.27　1.0　0.8　0.65
- 无源元件　0603
- 印制电路板　多层板

(3) 典型组装工艺：
- 再流焊 / 双面再流焊

(4) 组装设备：
- 精密印刷机
- 高速多功能贴片机
- 精密再流焊机

3. 第三代 SMT 技术——3D / 芯片级及微小型元件组装技术

(1) 时代：21 世纪开始。

(2) 电子元器件：
- 集成电路　封装形式　CSP / FCBGA / MCM / WLP / PiP
  引线间距　1.0　0.8　0.65　0.6
- 无源元件　0402
- 印制电路板　多层板、柔性板

(3) 典型组装工艺：
- 无铅焊接
- 柔性板组装　.
- PoP(堆叠组装)

(4) 组装设备：
- 智能精密印刷机
- 模组式高速多功能贴片机
- 精密再流焊机 / 选择性焊接机
- AOI / X-ray(自助光学检测 / X 光检测)

实际上，上述三代 SMT 技术并没有明显的分界线，而且三代 SMT 技术现在都在使用，只不过在不同的应用领域和产品中各种技术的比例不同而已。从技术发展的趋势看，新一代取代老一代是必然趋势，但由于老一代技术成熟并且具有成本综合优势，就具体产品需求而言，并非新一代技术一定比老一代具有优势，而是要根据产品需求具体分析和应用。

1.2　表面贴装元器件

电子产品的小型化、轻型化和微型化的需求是表面组装技术诞生的原动力，而电子元器件的微小型化则既是产品微小型化的基础，也是推动表面贴装技术不断向前发展的强大动力。因此，学习和掌握表面贴装技术，必须从表面贴装元器件开始。

1.2.1　元器件的表贴封装

电子元器件的封装是电子工艺关注的重要内容，从组装方式来说，电子元器件有通孔插装(简称插装)与表面贴装(简称表贴)两大类。

现在几乎所有的电子元器件都有表面贴装形式，而且大量新型集成电路的元器件只有表面贴装形式，表贴元器件已经成为现代电子元器件的主流。本节将介绍元器件封装及表贴封装的概况。

1. 元器件封装及表贴封装的特点

1) 元器件封装

电子元器件的封装(package)是由电子封装延伸出来的概念，有狭义和广义之分。

(1) 狭义的电子封装，是指半导体制造领域(包括半导体分立器件和集成电路)中对制造好的半导体芯片(通常称为裸芯片)加上保护外壳和连接引线，使之便于测试、包装、运输和组装到印制电路板上。如图 1.2.1 所示，封装不仅起着安装、固定、密封等保护芯片及增强电热性能等方面的作用，而且还通过芯片上的接点用导线连接到封装外壳的引脚上，这些引脚又通过印制电路板上的导线与其他器件相连接，从而实现内部芯片与外部电路的连接。封装技术的水平直接影响芯片自身性能的发挥和与之相连接的印制电路板的设计及制造，因此封装技术是半导体制造的重要技术之一。

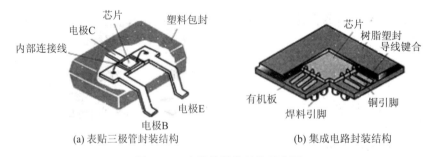

(a) 表贴三极管封装结构　　　　　　　(b) 集成电路封装结构

图 1.2.1　半导体器件封装示意图

(2) 广义的电子封装，通常称为电子元器件的封装，不仅包括半导体器件的封装，还包括电阻、电容、电感、电位器、开关、继电器、连接器、变压器等无源元件的封装，以及敏感器件、显示器件、保护器件等其他元器件的封装，也包括电路模块的封装。图 1.2.2 所示为电阻器的插装与表贴封装结构示意图。尽管这些元器件与半导体器件在电路中的功能和作用各不相同，但都需要外壳保护元器件的"芯"并提供与印制电路板的可靠连接方法。因此，对于电子元器件来说，封装形式同样很重要。

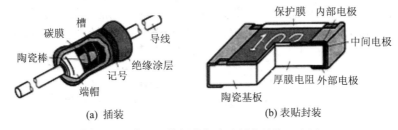

(a) 插装   (b) 表贴封装

图 1.2.2　电阻器的插装与表贴封装结构示意图

电子元器件的封装与电子工艺密切相关，封装材料(金属、陶瓷、塑料等)以及封装形式(通孔插装与表面贴装)不仅涉及封装的成本与效率，还涉及产品的工艺特性与性能质量，是工艺技术的重要内容之一。

2) 表贴封装的特点

表面贴装元器件是电子元器件中适合采用表面贴装工艺进行组装的元器件名称，也是 SMC 和 SMD 的中文统称。早期表面贴装元器件也称为片式元件(Chip Components)，现在除非特别说明，习惯上把表面贴装元器件简称为表贴元器件，或表贴元件、表贴器件以及英文缩写 SMC/SMD。

表面贴装元器件在功能和主要电性能上与传统插装元器件没有什么差别，主要不同之处在于元器件的结构和封装。另外，表面贴装元器件在焊接时要经受较高的温度，元器件和印制板必须具有匹配的热膨胀系数。

图 1.2.3 所示是常见表面贴装元器件的外形。表面贴装元器件的主要特点如下：

(1) 小型化——体积、重量减小；

(2) 无引脚或引脚很短，减少了寄生电感和电容，改善了高频特性，有利于提高电磁兼容性；

(3) 形状简单、结构牢固，组装后与电路板的间隔很小，紧贴在电路板上，耐振动和冲击，提高了电子产品的可靠性；

(4) 尺寸和包装标准化，适合采用自动贴装机进行组装，效率高、质量好，能实现大批量生产，综合成本低。

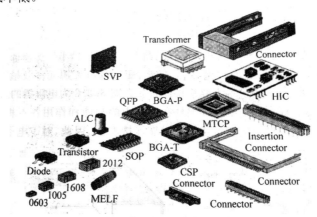

图 1.2.3　常见表面贴装元器件的外形

2．表贴封装类型

对元器件分类的方法有多种，就组装制造而言，我们主要关心的是组装性能，即元器件的封装和结构性能。就贴装而言，即使元器件的功能、性能和材料千差万别，只要外封装一样，我们就可以将它们看做一种元件。表贴元器件的类型如图 1.2.4 所示。

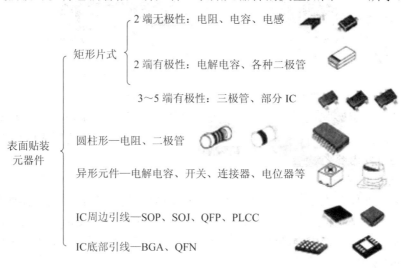

图 1.2.4　表贴元器件的类型

3．集成电路封装与表贴元器件引线结构

1）集成电路封装

集成电路是电子元器件的灵魂和核心，在元器件封装中集成电路的封装形式最多、发展速度最快，五花八门的封装形式令人目不暇接。但是，对于组装制造而言，我们只对封装的外特性感兴趣。封装的外特性即封装尺寸、引线结构、表面材料特性等与贴装、焊接等工艺有关的性能。从这一点出发，可以把过去、现在及未来可能出现的所有集成电路封装归纳为图 1.2.5 所示的几种。

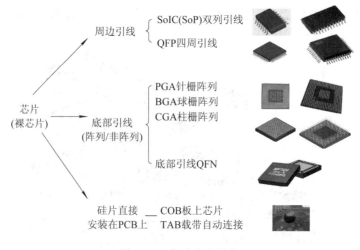

图 1.2.5　集成电路封装

2) 表贴元器件引线结构与连接

按照元器件的端子结构，表面贴装元器件可分为有引脚和无引脚两种类型。无引脚的以无源元件居多，有引脚的都是特殊短引线结构，以有源器件和机电元件为主。表 1.2.1 列出了引线结构类型和连接特征。

表 1.2.1　引线结构类型和连接特征

	片式无引脚	翼形(L 形)引脚	J 形引脚	对接引脚	无引脚球栅阵列	无引脚底部焊片
图形	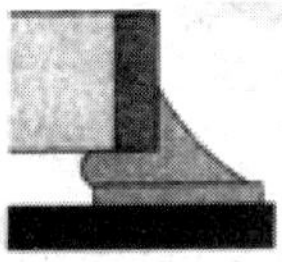					
优点	• 空间利用系数高； • 组装性能好； • 抗振动和冲击	• 能适应薄、小间距组件的发展趋势； • 能使用各种焊接工艺进行焊接	• 较大的空间利用系数； • 引线较硬，在货运和使用过程中不易损坏	• 引线简单； • 较小的封装外形	• 较大的空间利用系数； • 适合高引线数； • 节距可以较大	• 较大的空间利用系数； • 可设置散热焊盘，利用 PCB 散热
缺点	细小尺寸元件对组装设备和工艺要求高	• 占面积较大； • 运输和使用过程中引脚易受损	• 焊接工艺的适应性不及翼形引线	• 强度低； • 组装因素敏感	• 组装设备和工艺要求高； • 检测返修难度高	• 组装设备和工艺要求高； • 检测返修难度高
封装	长方体元件	SOIC SoP	PLCC	SOIC	BGA	QFN

1.2.2　表面贴装元件

表面贴装元件中使用最广泛、品种规格最齐全的是电阻和电容，它们的外形结构、标识方法、性能参数都与普通插装元件有所不同，选用时应注意其差别。

1. 表面贴装电阻

表面贴装电阻主要有矩形片状和圆柱形两种。

1) 矩形片状电阻

(1) 结构。矩形片状电阻结构外形如图 1.2.6 所示，基片大多采用 A1203 陶瓷制成，具有较好机械强度和电绝缘性。电阻膜采用 RuO_2 电阻浆料印制在基片上，经过烧结制成。由于 RuO_2 成本较高，近年又开发出一些低成本电阻浆料，如氮化物系材料(TaN-Ta)、碳化物系材料(WC-W)和 Cu 系材料。

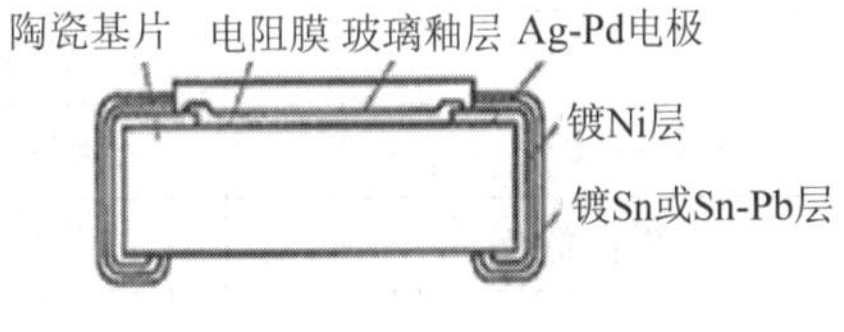

图 1.2.6　矩形片状电阻结构外形图

保护层采用玻璃浆料印制在电阻膜上，经烧结成釉。电极由三层材料构成：内层 Ag-Pd 合金与电阻膜接触良好，电阻小，附着力强；中层为 Ni，主要作用是防止端头电极脱落；外层为可焊层，采用电镀 Sn 或 Sn-Pb，Sr-Ce

合金。

(2) 外形尺寸。矩形片状电阻外形尺寸如图 1.2.7 所示，图示尺寸为目前最小功率电阻 (1/32W)的尺寸，图中括号内的尺寸为 1/8W 电阻的尺寸，1/10W 电阻的尺寸介于二者之间。

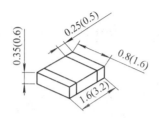

图 1.2.7　矩形片状电阻外形尺寸

(3) 型号标识。矩形片状电阻型号含义如图 1.2.8 所示。其中，额定功率系列(W)：1，1/2，1/4，1/8，1/10，1/16，1/32；阻值范围：1 Ω～10 MΩ。

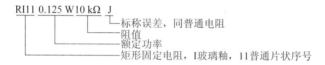

图 1.2.8　矩形片状电阻型号含义

(4) 包装及使用。矩形片状电阻包装有散装、盒式包装及编带包装三种，矩形片状电阻焊接温度一般为(235 ± 5)℃，焊接时间为(3 ± 1) s，最高焊接温度为 260℃。

2) 圆柱形电阻

圆柱形电阻结构示意图参见图 1.2.2(a)，基本可以认为这种电阻是普通圆柱长引线电阻去掉引线，且两端改为电极的产物。其材料及制造工艺、标记都基本相同，只是外形尺寸要更小。其中，1/8W 碳膜圆柱电阻尺寸为 1.2 mm × 2 mm，两端电极长度仅 0.3 mm，这种电阻目前仅有 1/8W 和 1/4W 两种。

3) 矩形片状电阻和圆柱形电阻的比较

矩形片状电阻与圆柱形电阻的比较如表 1.2.2 所示。

表 1.2.2　两种表面贴装电阻主要性能对比

电阻项目		矩形片状	圆柱形
结构	电阻材料	RuO_2 等贵金属氧化物	碳膜、金属膜
	电极	Ag-Pd/Ni/焊料三层	Fe-Ni
	保护层	玻璃釉	耐热漆
	基体	高铝陶瓷片	圆柱陶瓷
阻值标志		三位数码	包码(3，4，5 环)
电气性能		阻值稳定，高频特性好	温度范围宽，噪声电平低，谐波失真比矩形片状电阻低
安装特性		无方向但有正反面	无方向，无正反面
使用特性		偏重提高安装密度	偏重提高安装速度

2．表面贴装电容

表面贴装电容中使用最多的是多层片状陶瓷电容，其次是铝和钽电解电容，有机薄膜和云母电容使用较少。表面贴装电容的外形与电阻一样，也有矩形片状和圆柱形两大类。表1.2.3所示为几种主要表面贴装电容的技术规范。

表 1.2.3　几种主要表面贴装电容的技术规范

	多层片状陶瓷	圆柱形瓷介	圆柱铝电解	片状钽电解	片状有机薄膜	片状云母
形状						
尺寸/mm	L＝1.5～5 W＝0.8～6.3 H＝0.5～2.0	L＝3.2～5.9 D＝1.6～2.0	H＝5.4～10.2 D＝4.3～10.3	L＝4.6～8.0 W＝2.5～5.0 H＝1.7～5.0	L＝7.3 W＝5.3 H＝3.25	L＝2.0～5.6 W＝1.25～5.0 H＝1.4～2.0
工作温度	−55～+125℃ 部分 −30～+85℃	−25～+85℃	−40～+85℃	−55～+85℃	−40～+105℃	−55～+125℃
容量	A类： 5～47 000 pF B类： 220 pF～2.2 μF	A类： 1～150 pF B类： 180～1000 pF C类： 1500～22 000 pF	1～470 μF	0.1～22 μF	0.01～0.15 μF	0.5～2200 PF
介质损耗	A类： 1 MHz≤0.1% B类： 1 kHz≤ 2.5%～5%	A类： 1 MHz≤0.1% B类： 1 kHz≤ 2.5%～5%	≤10%～ 24%(120 Hz)	≤6%～12%(120 Hz)	≤0.6%(1 kHz)	≤0.25%～ 0.5%
额定电压/V	25，50，100， 200(500)	A类：50 B类：50 C类：12, 25	4,6.3,10,16,25, 36,50	4,6.3,10,16,25,36,50	25,75,100	100,500

表面贴装电容目前尚无国际统一标准，各国各大公司均采用自己制定的标准。我国目前引进的主要是日本标准。表面贴装电容的安装及焊接与表面贴装电阻相同。

3．其他表面贴装元件

其他几种表面贴装元件如表1.2.4所示。表中每一类元件仅列出一种作为代表，实际上还有其他种类和规格，例如连接器就有边缘连接器、条形连接器、扁平电缆连接器等多种形式。

表 1.2.4　其他几种表面贴装元件

	电位器 (矩形)	电感器 (矩形片状)	滤波器	继电器	开关 (旋转型)	连接器 (芯片插座)
形状						
尺寸 /mm	L=3～6 W=3～6 H=1.6～4	L=3.2～4.5 W=1.6～3.2 H=0.6～2.2	4.5×2.2×1.8	16×10×8	10×13×5.1	引线间距: 1.27 高: 9.5
典型 参数	阻值: 100 Ω～1 MΩ 阻值误差: ±25% 使用温度: −55～+100℃ 功率: 0.05～0.5 W	电感: 0.05 μH 电流: 10～20 mA	中心频率: 10.7 MHz 455 kHz	线圈电压: DC4.5～4.8 V 额定功率: 200 mW 触点负荷: AC125 V，2 A	开关电压 15 V 电流: 30 mA 寿命: 20 000 步	引线数: 68～132 条

此外还有表面贴装敏感元器件(如片状热敏电阻、片状压敏电阻等)以及不断涌现的新型元器件，但就其封装与安装特性而言，一般不超出上述 SMC 的范围。

1.2.3　表面贴装器件

表面贴装半导体器件有晶体二极管、三极管、场效应管、各种集成电路及敏感半导体器件。

1. 半导体分立器件及封装

大部分半导体分立器件都可采用表面贴装形式。SMD 与普通安装器件的主要区别在于外型封装。以下几种是常用 SMD 分立器件的封装形式。

(1) 圆柱无引线。常见的有 1.5 mm × 3 mm 和 2.7 mm × 5.2 mm 两种，主要用于各种二极管，功耗一般为 400～1000 mW，以色环表示极性，与普通封装二极管标志方法相同，如图 1.2.9 所示。

(2) 二端片式 SMD，如图 1.2.9 所示。

(3) 三、四、五端片式 SMD，如图 1.2.10 所示。

图 1.2.9　二端片式 SMD

图 1.2.10　三、四、五端片式 SMD

大部分单元件封装的三极管都采用三端封装,双元件及多元件二极管、三极管采用3~5端封装,8端以上的多元件封装与集成电路封装相同。具体器件型号规格与对应封装,请参考有关产品说明及资料。

2. 集成电路封装

由于集成电路规模不断发展,外引线数目不断增加,促使封装形式不断向小间距方向发展,目前常用的有以下几类。

1) SoP 封装(双列扁平封装)

SoP 封装是由 DiP 封装演变来的,如图 1.2.11 所示,这类封装有两种形式:J 形(又叫钩形)和 L 形(又称翼形)。L 形焊装和检测比较方便,但占用 PCB 面积较大;J 形则相反。

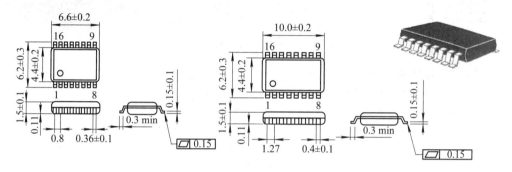

图 1.2.11　SoP 封装

目前常用 SoP 引线间距有 1.27 mm 和 0.8 mm 两种,引线数为 8~32 条。最新推出的引线间距为 0.76 mm,引线数可达 56 条。

2) QFP 封装(方形扁平封装)

这种封装可以容纳更多引线,如图 1.2.12 所示。QFP 有正方形和长方形两种,引线间距有 1.27,1.016,0.8,0.65,0.5,0.4(mm)等数种,外形尺寸从 5 mm × 5 mm 到 44 mm × 44 mm,引线数为 32~567 条,但常用的是 44~160 条。图 1.2.12 所示是 64 条引线的 QFP(L 形)的外形尺寸。

目前最新推出的薄形 QFP(又称 TQFP)引线间距小至 0.254 mm,厚度仅 1.2 mm。

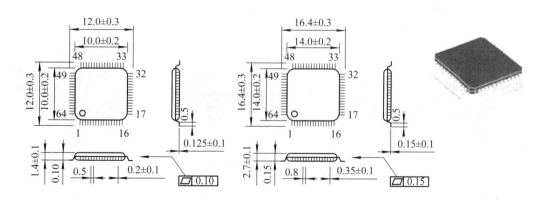

图 1.2.12　QFP 封装

3) PLCC 封装(塑封有引线芯片载体)

这类封装四边都有向封装体底部弯成 J 形的短引线，如图 1.2.13 所示，显然这种封装比 QFP 更省 PCB 面积，但同时使检测和维修更为困难。PLCC 封装引线数为 18～84 条，主要用于计算机电路和 ASIC、GAL 等电路的封装。

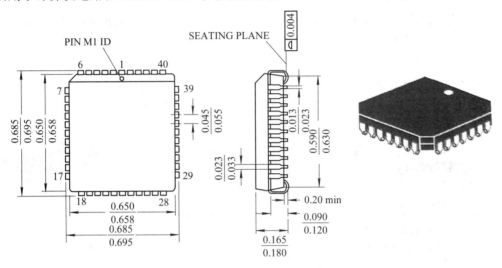

图 1.2.13　PLCC 封装

4) 针栅阵列与焊球阵列封装

针栅阵列(Pin Grid Array，PGA)与焊球阵列(Ball Grid Array，BGA)封装是针对引线增多、间距缩小、安装难度增加而另辟蹊径的一种封装形式。它们让众多拥挤在四周的引线排成阵列引线均匀分布在 IC 的底面，如图 1.2.14 所示，因而在引线数多的情况下引线间距不必很小。PGA 通过插座与印制板连接，用于可更新升级的电路，如台式计算机的 CPU 等。PGA 的间距一般为 2.54 mm，引线数为 52～370 条或更多。BGA 则直接贴装到印制板上，将芯片封装到不同基板上，例如封装在塑料基板上，称为 PBGA；封装在陶瓷基板上，称为 CBGA 等。现在常用的 BGA 的间距为 1.5 mm 或 1.27 mm，引线数为 72～736 条或者更多。

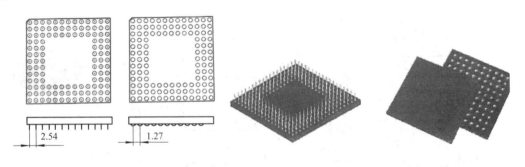

图 1.2.14　PGA 与 BGA 封装

5) QFN

QFN 也是一种底部引线封装，与 BGA 不同的是其引线不是焊球而是焊片，一般也不排成阵列，用于引线数不多而要求面积小、可以利用印制板散热的器件，通常中间焊盘用于散热，如图 1.2.15 所示。

图 1.2.15　QFN 封装

6) 其他封装

除上述几种常用封装外，还有 LCCC(无引线陶瓷芯片载体)及 LDCC(有引线陶瓷芯片载体)等封装形式，这类封装产品应用一般较少。

1.2.4　表贴元器件包装

SMC/SMD 包装形式的选择也是影响自动贴装机生产效率的一项关键因素，必须结合贴片机送料器的配置(类型和数目)进行最佳选择。图 1.2.16 所示是各种包装示意图。

编带　　　　　　管式　　　　　托盘式　　　　散装

图 1.2.16　各种包装

(1) 编带——除大尺寸的 QFP、LCCC、BGA 外，其余元器件均可采用这种形式，已标准化。编带宽度有 8、12、16、24、32、44、56(单位为 Rim)，是应用最广、使用时间最长、适应性最强、贴装效率高的一种包装形式。

(2) 管式——主要用于 SoP、SoJ、PLCC、PLCC 的插座，且通常用于小批量生产及用量较小的场合。

(3) 托盘式——主要用于 SoP、QFP、BGA 等。

(4) 散装——用于矩形片状、圆柱形电容器、电阻器等。

1.3　表面贴装印制板和材料

表面贴装技术的硬件基础中，除了表面贴装元器件外，还有表面贴装印制板和组装工艺材料，对于学习电子产品组装来说也是必不可少的基础知识。

1.3.1　表面贴装印制电路板

由于 SMC 和 SMD 安装方式的特点，表面贴装用的印制电路板与普通 PCB 在基板要求、设计规范和检测方法上都有很大差异。为叙述简单，我们用 SMB(Surface Mounting printed circuit Board)作为它的简称，以区别于普通 PCB。

与传统印制电路板相比，表面贴装用的印制电路板有以下特点。

1. 高密度布线

随着 SMD 的引线间距由 1.27→0.762→0.635→0.508→0.381→0.305(mm)，不断缩小，SMB 普遍要求在 2.54 mm 网络间过双线(线宽 0.23 mm→0.18 mm)甚至过三线(线宽及线间距 0.20 mm→0.12 mm)，并且向过五根导线(线宽及线间距 0.15 mm→0.08 mm)方向发展。

2. 小孔径、高板厚孔径比

在 SMB 上，由于孔已不再用于插装元件(混装的 THT 除外)而只起过孔作用，因而孔径也日益减小。一般 SMB 上金属化孔直径为 0.6 mm～0.3 mm，发展方向为 0.3 mm～0.1 mm。同时，SMB 特有的盲孔与埋孔直径也小到 0.3 mm～0.1 mm。减小孔径与 SMB 布线密度相适应，孔径越小制造难度越高。

由于孔径减小，SMB 板厚一般并不能减小，并且由于用多层板，所以 SMB 的板厚孔径比一般在 5 以上(THT 的一般在 3 以下)，甚至高达 21。

3. 多层数

为提高 SMT 的装配密度，SMB 的层数不断增加。大型电子计算机中用的 SMB 高达 60 层以上。

4. 高电气性能

由于 SMT 用于高频、高速信号传输电路，电路工作频率由 100 MHz 向 1 GHz 甚至更高频段发展，这对 SMB 的阻抗特性、表面绝缘、介电常数、介电损耗等高频特性提出更高要求。

5. 高平整光洁度和高稳定性

在 SMB 中，即使微小的翘曲，也会影响自动贴装的定位精度，而且会使片状元器件及焊点产生缺陷而失效。另外，SMB 表面的粗糙或凹凸不平也会引起焊接不良。而基板本身热膨胀系数如果超过一定限制也会使元器件及焊点受热应力而损坏，因此 SMB 对基板的要求远远超过普通 PCB。

例如，对于因热膨胀系数不同引起的热应力，THT 的长引脚在这里成为优点，长引线的弹性属性使其可以吸收热应力而不会损坏元器件连接；而 SMT 的无引脚、短引脚在这里成为缺点，刚性结构使其无法吸收热应力而造成元器件连接损坏，如图 1.3.1 所示。

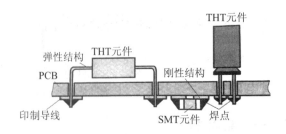

图 1.3.1 THT 与 SMT 结构属性不同引起热应力影响差别示意图

6. 高质量基板

SMB 的基板必须在尺寸稳定性、高温特性、绝缘介电特性及机械特性上满足安装质量和电气性能的要求；一般 PCB 板常用的环氧玻璃布板仅能适应在普通单、双面板上安装密度不高的 SMB。高密度多层板应采用聚四氟乙烯、聚酰亚胺、氧化铝陶瓷等高性能基板。

7. 设计要求高

SMB 的设计除了遵循普通 PCB 设计原则和规范外，还要满足以下四个方面的特殊要求：

(1) 自动化生产要求。例如，板上必须设计标准的光学定位标志和传输用夹持边，才能进行自动化生产；

(2) PCB 制造工艺能力的要求。PCB 制造中图形转移、蚀刻、层压、打孔、电镀、印刷等工艺中都存在误差，设计时必须留有余地；

(3) 焊接要求。SMB 组装中焊接对产品质量影响最大，为了满足不同产品、不同焊接工艺(波峰焊或再流焊)及质量要求，在 SMB 材料选择、元器件布局和方向、焊盘形状、元器件间距、布线方式、阻焊层设计等方面，都必须符合可制造性设计规则，因而 SMB 设计比 THT 要复杂得多。例如，一个两端元件的焊盘形状，在 SMB 中就有多种，如图 1.3.2 所示，这远远超过 THT 印制板设计。

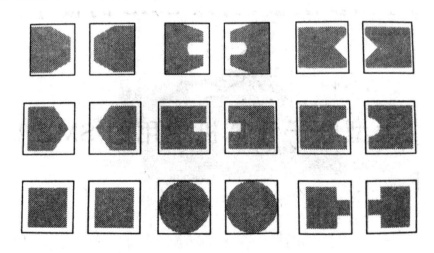

图 1.3.2　SMB 设计中两端元件的焊盘形状

(4) 装配、测试、维修等工艺要求。例如，如果产品采用 ICT 在线测试，那么 SMB 上必须设计相应的测试点。

1.3.2　表面贴装材料

表面贴装材料一般是指表面组装工艺材料，包括焊料、助焊剂、黏合剂、焊膏、清洗剂等在整个表面贴装过程中所使用并完成特定工艺要求的材料。其中，焊料和助焊剂在焊接技术中已经介绍过，本小节主要介绍黏合剂、焊膏、清洗剂等表面贴装技术特殊材料。

1. 黏合剂

黏合剂通常称为胶，在表面贴装技术中应用非常广泛，既可以在贴装中作为贴片胶把元器件黏结到 PCB 上，也可以作为添加剂加入到焊膏中。因此黏合剂是必不可少的一种工艺材料。

1) 分类

(1) 按材料分：环氧树脂、丙烯酸树脂及其他聚合物。

(2) 按固化方式分：热固化、光固化、光热双固化及超声波固化。

(3) 按使用方法分：丝网漏印、压力注射、针式转移。

2) 特性要求

除有与一般黏合剂同样的要求外，SMT对黏合剂还有以下四个方面要求：

(1) 快速固化，固化温度小于150℃，时间小于或等于20 min。

(2) 触变特性好，触变性是胶体物质的黏度随外力作用而改变的特性。特性好是指受外力时黏度降低，有利于通过丝网网眼，外力去除后黏度升高，保持形状不漫流。

(3) 耐高温，能承受焊接时240~270℃的温度。

(4) 化学稳定性和绝缘性，要求体积电阻率大于或等于$10^{13}\Omega \cdot cm$。

3) 应用实例

黏合剂在表面贴装中的应用如图1.3.3所示，主要有以下五种：

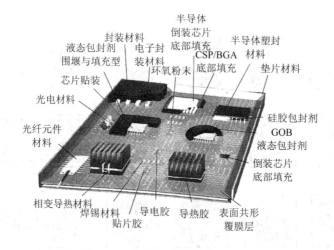

图1.3.3　黏合剂在表面贴装中应用

(1) 贴片胶。把元器件黏结到PCB上，通常称为红胶；

(2) 底部填充胶。BGA焊接后需要在底部填充黏合剂以增强可靠性；

(3) 封装胶。芯片软封装(COB)工艺中保护裸芯片必需的材料；

(4) 灌封胶。在电子模块中，将一部分元器件或电路板组件用灌封胶密封；

(5) 导热胶。在散热器等热设计中增强导热作用。

2. 焊膏

焊膏(Solder paste)是表面贴装主流焊接技术——再流焊的关键材料。焊膏印刷是SMT的第一道工序，它影响着后续的贴片、再流焊、清洗、测试等电子组装步骤，直接决定着电子产品的质量及其可靠性。随着超细引脚间距(< 0.5 mm)的发展，要求每个焊盘印刷焊膏量少、精确度高、一致性好，对焊膏要求越来越高。

1) SMT对焊膏的要求

焊膏在SMT中起着黏合和焊接双重作用，元件贴装在焊膏上后，要保持元件在焊盘上不移位，经再流焊炉后，将元件与 PCB 焊接在一起。因此，要求焊膏具有以下性能：

(1) 良好的可焊性。

- 良好的润湿性能。这取决于金属和焊剂中的活性剂成分；
- 不发生焊料飞溅。这取决于焊膏的吸水性、焊膏中溶剂的类型、沸点和用量，以及焊料粉中的杂质类型和含量；
- 保证焊接强度。这取决于金属材料和工艺；
- 焊后残留物。要求无腐蚀、可清洗。

(2) 良好的印刷性。

- 印刷中容易脱模；
- 在印刷或涂布后以及在再流焊预热过程中，焊膏应保持原来的形状和大小，不产生塌陷；
- 元件贴装在焊膏上后，要保持元件在焊盘上不移位。

要达到上述印刷性，要求焊膏具有以下物理特点：

① 合适的黏度(Viscosity)，焊膏在自然滴落时的滴延性的胶黏性质；

② 良好的触变性(Thixotropic ratio)，贴片胶与锡膏在施压挤出时具有流体的特性与在挤出后迅速恢复为具有固塑性的特性；

③ 可接受的塌落性(Slump)，焊膏印刷后在重力和表面张力的作用及温度升高或停放时间过长等原因而引起的高度降低、底面积超出规定边界的坍流现象。

(3) 可接受的工艺性。

- 储存寿命。在 0～10℃下应可保存 3～6 个月。储存时不会发生化学变化，也不会出现焊料粉和焊剂分离的现象，并保持其黏度和黏结性不变；
- 较长的工作寿命。在印刷或滴涂后，通常要求焊膏能在常温下放置 12～24 小时，其性能保持不变。

2) 焊膏的组成

焊膏由合金焊粉和焊剂组成，比例分别为合金焊粉 85%～90%(重量比) / 60%(体积比)，焊剂 15%～10%(重量比) / 40%(体积比)。

(1) 合金焊粉。合金焊粉通常采用高压惰性气体(N_2)将熔融合金喷射而成。合金焊粉微粒一般为球形，粒度约 25～45 μm。合金成分有：

- 锡铅合金。一般为 6337 合金(63%Sn，37%Pb)；
- 无铅合金。种类较多，目前常用的为 305 合金(3%Ag，0.5%Cu，其余为 Sn)。

(2) 焊剂和添加剂。焊剂和添加剂决定焊膏的主要性能(印刷、焊接及工艺性)。

- 焊剂——松香、合成树脂，净化金属表面，提高焊料润湿性；
- 黏结剂——松香、松香脂、聚丁烯，提供黏性，以粘牢元件；
- 活化剂——硬脂酸、盐酸等，净化金属表面；
- 溶剂——甘油乙二醇，调节焊膏特性；
- 触变剂——防止焊膏塌陷，引起连焊。

(3) 焊膏。将合金焊粉与焊剂、添加剂混合均匀就形成牙膏状的焊膏。图 1.3.4 所示是涂覆在焊盘上的焊膏。

图 1.3.4　涂覆在焊盘上的焊膏

3）焊膏的分类及选择

(1) 按合金焊粉熔点分：高温 300℃(例如 10%Sn，90%Pb)　要求耐高温产品

中温 183℃(例如 63%Sn，37%Pb) 普通产品

低温 140℃(例如 42%Sn，58%Bi) 含有热敏感元件产品

(2) 按焊剂活性分：RSA　高活性

RA　活性、松香型　可焊性差的产品

RMA　中等活性　一般产品

R　低活性

(3) 按焊膏黏度分：700～1200 Pa·s　模板印刷

400～600 Pa·s　丝网印刷

350～450 Pa·s　分配器

(4) 按清洗方式分：有机溶剂清洗、水清洗、半水清洗、免清洗。

(5) 焊料粒度选择：图形越精细，焊料粒度越高。

4）焊膏应用

(1) 冷藏——焊膏成分中焊剂、黏结剂、活化剂、触变剂等化学材料都是温湿度敏感材料，要求保存在恒温、恒湿的冰箱内，温度为 2～10℃。

(2) 回温——焊膏使用时，应做到先进先出的原则，应提前至少两小时从冰箱中取出，密封置于室温下，待焊膏达到室温时打开瓶盖；注意不能加速它的升温；若中间间隔时间较长，应将焊膏重新放回罐中并盖紧瓶盖放于冰箱中冷藏。

(3) 搅拌——焊膏涂覆前要搅拌(用搅拌机或人工)，使焊膏中的各成分混合均匀，降低焊膏的黏度。

(4) 一次用完——焊膏开封后，原则上应在当天内一次用完。

(5) 使用期——超过使用期的焊膏不能使用。

3. 清洗剂

1）清洗剂的要求和特性

清洗剂应根据焊接过程中使用的焊剂种类及污染程度而定。优良的清洗剂既能除去极性污染物，又能同时除去非极性污染物。对清洗剂选择的具体要求如下：

(1) 对污染物有较强的溶解能力，能有效地溶解和去除污染杂质，不留残迹或斑痕；

(2) 应与设备和元器件具有兼容性，不腐蚀设备与元器件，且操作简便；

(3) 应无毒或低毒，其人体接触允许最低限度(TWA 值)必须符合规定；

(4) 不燃、不爆，物理、化学性能稳定；

(5) 价格低廉、耗用量小并易于回收利用；

(6) 表面张力低，有利于穿透元件与基板间的狭窄缝隙，提高清洗效率；

(7) 对环境无害，最好选用非 ODS 类溶剂。

2) 清洗剂种类

目前常用清洗剂如图 1.3.5 所示。

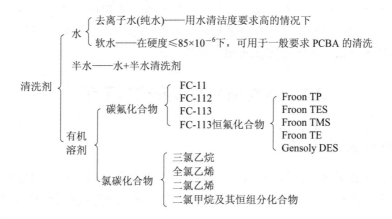

图 1.3.5　常用清洗剂

第2章 表面贴装工艺与设备

工艺与设备是制造技术的两个基本要素，是涉及知识面很广、工作量很大、实践性很强的工程技术。掌握表面贴装工艺与设备离不开实践环节。本章将要介绍的表面贴装工艺与设备的基本知识可以作为参加实践的知识储备。

2.1 表面贴装基本形式与工艺

2.1.1 表面贴装基本形式

表面贴装技术发展迅速，但由于电子产品的多样性和复杂性，目前和未来相当长时期内还不能完全取代通孔插装。实际产品中相当大一部分是两种方式混合使用。表 2.1.1 所示是 SMT 的基本形式。

表 2.1.1 SMT 基本形式

类型	组装方式		组件结构	电路基板	元器件	特征
IA	全表面装	单面表面组装		P CB 单面陶瓷基板	表面组装元器件	工艺简单，适用于小型、薄型化的电路组装
IB		双面表面组装		PCB 双面陶瓷基板	表面组装元器件	高密度组装，薄型化
IIA	双面混装	SMD 和 THT 都在 A 面		双面 PCB	表面组装元器件及通孔插装元器件	先插后贴，工艺较复杂，组装密度高
IIB		THT 在 A 面，A、B 两面都有 SMD		双面 PCB	表面组装元器件及通孔插装元器件	THT 和 SMC/SMD 组装在 PCB 同一侧
IIC		SMD 和 THT 在双面		双面 PCB	表面组装元器件及通孔插装元器件	复杂，很少用
III	单面混装	先贴法		单面 PCB	表面组装元器件及通孔插装元器件	先贴后插，工艺简单，组装密度低
		后贴法		单面 PCB	表面组装元器件及通孔插装元器件	先贴后插，工艺简单，组装密度低

2.1.2 表面贴装基本工艺

1) 波峰焊工艺与设备

波峰焊工艺，如图 2.1.1 所示，是通孔插装技术的主流工艺，也可用于一部分贴装工艺的焊接。随着表面贴装技术的发展，特别是底部引线集成电路封装的应用，波峰焊工艺就无能为力了。尽管目前波峰焊工艺的一部分应用正逐渐被再流焊工艺取代，但是波峰焊还是电子组装焊接的重要方法之一。

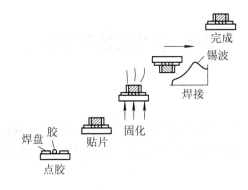

图 2.1.1　波峰焊工艺示意图

波峰焊工艺流程与设备如图 2.1.2 所示。

图 2.1.2　波峰焊工艺流程与设备

2) 再流焊工艺与设备

再流焊工艺，如图 2.1.3 所示，是表面贴装技术的主流工艺。产生于 20 世纪 70 年代的再流焊工艺以其工艺流程简单，适合自动化机器生产而显示出强大的生命力。特别是底部引线集成电路新型封装 BGA/QFN 的大量应用，使再流焊工艺当仁不让地成为表面贴装的典型工艺。

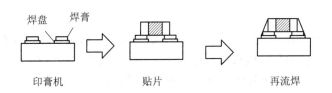

图 2.1.3　再流焊工艺示意图

再流焊工艺流程与设备如图 2.1.4 所示。

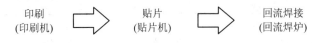

图 2.1.4　再流焊工艺流程与设备

3) 其他辅助工艺与设备

除了波峰焊和再流焊两种主要工艺和其相关设备外，在规模化生产中检测工艺与设备、返修工艺与设备以及清洗工艺与设备也是不可或缺的技术。其他辅助工艺流程与设备如图2.1.5 所示。

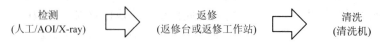

图 2.1.5 其他辅助工艺流程与设备

2.2 涂覆工艺与设备

2.2.1 涂覆方法

涂覆是指将胶体按需要的形和量涂覆在固体(工件)上的一种技术，也称为涂敷或涂布。在电子组装中，涂覆黏合剂(包括助焊剂)和焊膏主要有以下三种方法：

1) 针印法

针印法是利用针状物浸入黏合剂中，提起时针头挂上一定量的黏合剂，然后将其放到SMB 预定位置，使黏合剂点到板上，如图 2.2.1 所示。当针浸入黏合剂深度一定且胶水黏度一定时，重力保证了每次针头携带黏合剂的量相等，按印制板位置做成针板并用自动系统控制黏度、针插入深度等过程，即可完成自动针印工序。

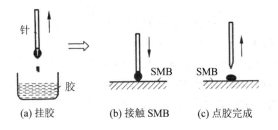

图 2.2.1 针印法示意图

2) 印刷法

印刷法又称为丝网法，这是由于这种方法早期采用丝网制作印刷模板而得名。虽然现在性能更好、寿命更长的金属模板取代了丝网，但印刷法的基本原理和工艺流程依然不变。模板(又称为网板)印刷法涂布胶或焊膏，如图 2.2.2 所示。

图 2.2.2 印刷法示意图

网板是 80～200 目的丝网、铜板或不锈钢板，通过蚀刻、激光加工等方法形成图形漏孔而制成网板。

印刷法精确度高、涂布均匀、效率高，是目前 SMT 的主要涂布方法。目前有手动、半自动、自动式的各种型号规格的商品印刷机。

3) 注射法

注射法是用如同医用注射器一样的方式将黏合剂或焊膏注射到 PCB 上。通过选择注射孔大小、形状和注射压力可调节注射物的形状和量。

2.2.2 焊膏印刷技术

在再流焊工艺中，把焊膏涂覆到 PCB 上是通过印刷方式实现的。把适量的焊膏均匀地施加在 PCB 的焊盘上，以保证贴片元器件与 PCB 相对应的焊盘达到良好的电气连接，并且具有足够的机械强度。

1) 焊膏印刷要求

(1) 焊膏量均匀，一致性好；

(2) 焊膏图形清晰，相邻图形之间尽量不粘连，焊膏图形与焊盘图形重合性好，焊膏覆盖焊盘的面积应在 75% 以上；

(3) 焊膏印刷后应边缘整齐，无严重塌落；

(4) 焊膏不污染 PCB。

2) 印刷焊膏的原理

焊膏具有触变特性，受到压力黏性会降低。当刮刀以一定速度和角度向前移动时，它会对焊膏产生一定的压力，使焊膏黏度下降。在刮刀推动下，焊膏向前滚动并注入网孔，形成焊膏立体图形；在刮刀压力消失后，焊膏黏度上升，从而保证顺利脱模，完成焊膏印刷目的，如图 2.2.3 所示。

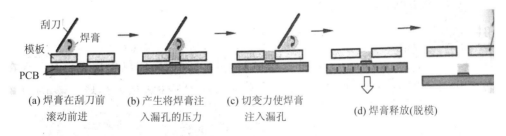

(a) 焊膏在刮刀前滚动前进　(b) 产生将焊膏注入漏孔的压力　(c) 切变力使焊膏注入漏孔　(d) 焊膏释放(脱模)

图 2.2.3　焊膏印刷原理示意图

3) 焊膏印刷机

焊膏印刷机是用来完成焊膏印刷的一种专业设备，有自动化、半自动化或手工等多种不同档次、不同配置的印刷机。现在使用最多的是全自动焊膏印刷机，如图 2.2.4 所示，全部印刷工作都在计算机控制下自动完成。

(1) 印刷机的基本结构。

· 夹持基板(PCB)的工作台，包括工作台面、真空或边夹持机构、工作台传输控制机构；

· 印刷头系统，包括刮刀、刮刀固定机构、印刷头的传输控制系统；

• 丝网或模板以及丝网或模板的固定机构；

• 定位、测试及运动控制系统，包括视觉对中系统、擦板系统、二维三维测量系统等。

(2) 印刷机的主要技术指标。

• 最大印刷面积：根据最大的 PCB 尺寸确定，一般为 500 mm × 800 mm 左右。

• 印刷精度：一般要求达到 ±0.025 mm。

• 印刷速度：通常用印刷时间表示，表示印刷头完成一次循环时间，例如印刷 12 s。印刷时间不包括 PCB 移动定位及清洗模板时间。

图 2.2.4　全自动焊膏印刷机

4) 焊膏喷印机

焊膏喷印机是近年推出的令人耳目一新的新型焊膏涂覆设备，如图 2.2.5 所示。它利用喷墨打印机原理，将焊膏像墨水一样打印到 PCB 上，其最大特点是不需要制作模板，完成一块印制电路板焊膏涂覆如同打印一份文稿一样方便。

图 2.2.5　焊膏喷印机及其打印头

5) 印刷模板

印刷模板，又称网板、漏板、钢板，用于定量分配焊膏，是保证焊膏印刷质量的关键工装。

金属模板的制造方法：

(1) 化学腐蚀法(减成法)——锡磷青铜、不锈钢板；
(2) 激光切割法——不锈钢、高分子聚酯板；
(3) 电铸法(加成法)——镍板。
上述三种制造方法的比较如表 2.2.1 所示。

表 2.2.1　三种制造方法的比较

方法	基材	优点	缺点	适用对象
化学腐蚀法	锡磷青铜、不锈钢	1. 价廉； 2. 锡磷青铜易加工	1. 窗口图形精度低； 2. 孔壁不光滑； 3. 模板尺寸不能过大	0.65 mm QFP 以上的器件
激光切割法	不锈钢、高分子聚酯	1. 尺寸精度高； 2. 窗口形状好	1. 价格较高； 2. 孔壁有时会有毛刺	0.5 mm QFP、BGA 等器件
电铸法	镍	1. 尺寸精度高； 2. 窗口形状好	1. 价格昂贵； 2. 制作周期长	0.3 mm QFP、BGA 等器件

在表面贴装技术中，焊膏的印刷质量直接影响表面贴装板的加工质量。在焊膏印刷工艺中，不锈钢模板的加工质量又直接影响焊膏的印刷质量，模板厚度与开口尺寸决定了焊膏的印刷量。而不锈钢激光模板均需要通过外协加工制作，因此在外协加工前必须正确填写"激光模板加工协议"和"SMT 模板制作资料确认表"，选择恰当的模板厚度和设计开口尺寸等参数，以确保焊膏的印刷质量。

2.2.3　涂覆贴片胶技术

涂覆贴片胶是波峰焊工艺中的一个重要环节，在片式元件贴装后需要用贴片胶把片式元件暂时固定在 PCB 的焊盘位置上，防止在传递过程及插装元器件、波峰焊等工序中元件掉落。另外，在双面再流焊工艺中，为防止已焊好的面上大型器件因焊料受热熔化而掉落，有时也需要用贴片胶起辅助固定作用。

1) 贴片胶印刷

贴片胶印刷方式又称为刮胶技术或胶印技术，其工作原理、工艺、设备与焊膏印刷类似，可以通过模板厚度及开口大小准确控制贴片胶的量，通过模板与 PCB 定位机构控制胶液的位置，生产效率高。贴片胶印刷设备与焊膏印刷的相同。

2) 点胶

贴片胶涂覆除了可以用印刷法外，还常用点胶法。

点胶法又称为压力注射法，是目前常用的涂覆方法之一。它是将装有贴片胶的注射针管安装在点胶机上，在计算机程序控制下自动将贴片胶分配到 PCB 指定位置。

点胶法的优点是灵活、易调整、无需模板、产品更换极为方便，它既适合大批量生产，也适合多品种生产。此外贴片胶在针管内密封性好，不易受污染，胶点质量高。

点胶法的缺点是速度慢，设备投资费用大。

3) 点胶机

点胶机是贴片胶涂覆的设备，与印刷机类似，也有自动化、半自动化或手工等多种不同档次、不同配置的点胶机。其中，手动方式采用手动点胶装置，用于试验或小批量生产中。

2.3　贴片工艺与设备

贴片技术，英文称为"pick and place"(拾取和放置)，其工作原理和要求相当简单。用一定的方式把 SMC/SMD(表面贴装元件和表面贴装器件)从包装中取出并贴放在印制板的规定位置上。但是，在电子组装工业系统中，迄今很少有其他工艺要求可以与 SMT 中的贴装工艺和设备相比，它不仅决定了整个组装系统的产能，也决定了系统的工艺能力。例如，一套贴装生产系统能否装焊 BGA、01005 元件，关键取决于贴片机。此外，贴片质量的好坏直接影响焊接质量，看似简单的拾取和放置，其实包含极其复杂的技术内涵。

2.3.1　贴装基本要求

贴装技术的基本要求可以用三句话概括：一要贴得准，二要贴得好，三要贴得快。

1) 贴得准

(1) 元件正确——要求各装配位号元器件的类型、型号、标称值和极性等特征标识要符合产品的装配图和明细表要求，不能贴错位置。

(2) 位置准确——元器件的端头或引线均与目标图形中的位置和角度尽量对齐、居中。

2) 贴得好

(1) 不损伤元件——拾取和贴装时由于供料器、元器件、印制板的误差以及 Z 轴控制的故障等都可能造成元器件的损伤，最终导致贴装失效。

(2) 压力(贴片高度)合适——贴片压力(高度)要合适，贴片压力过小，元器件焊端或引脚会浮在焊膏表面，焊膏粘不住元器件，在传递和回流焊时容易产生位置移动；贴片压力过大，焊膏挤出量过多，容易造成焊膏粘连，回流焊时容易产生桥接；压力太大甚至会损坏元器件。

(3) 保证贴装率——由于贴片机参数调整不合理或元器件贴装性能不良、供料器吸嘴故障都会导致贴装过程中元器件掉落，这种现象称为掉片或抛料。在实际生产中用贴装率来衡量贴片成功的比例。当贴装率低于预定水平时，必须检查原因。

3) 贴得快

通常，一块电路板上有数十到上千个元件，这些元件都是一个一个贴上去的，贴装速度是生产效率的基本要求。贴装速度主要取决于贴片机的速度，同时也与贴装工艺的优化、设备的应用和管理紧密相连。

2.3.2　贴装过程与机制

贴装包括拾取元件、检测调整和贴装元件三个基本过程，如图 2.3.1 所示。

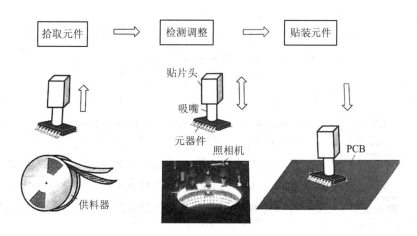

图 2.3.1 贴装过程示意图

1) 拾取元件

拾取元件是指用一定的方式将片式元器件从包装中拾取出来。在这个过程中，拾取占用的时间和正确性是关键，影响这个过程的要素包括拾取的工具和方式、元器件包装的方式、元器件本身的有关性能。

在目前使用的贴片机中，拾取元件是利用吸嘴通过真空吸取方式来完成的。由于元器件大小、形状相差很大，一般贴片机都配备多种吸嘴。通过气孔的截面大小和真空吸力的配合，保证将元器件可靠地从包装中取出，并且在运动中不掉下、不滑移。

2) 检测调整

贴片机在吸取元件后，需要确定元件中心与贴装头的中心是否保持一致，以及元件是否符合贴装要求，这个工作由贴片机关键的视觉系统和激光系统来完成。应用高精度、高速度视觉系统以及飞行对中、软着陆等技术，可以快速、准确地检测元件状况并调整到正确位置。

3) 贴装元件

贴装元件是将经过检测对中的元件准确地贴放到印制板设计的位置。除了位置准确，重要的是贴装力的控制，即要保证元件引线在焊膏上适度压入。压入不足和压入过分都会影响贴片质量，甚至伤害元件，如图 2.3.2 所示。

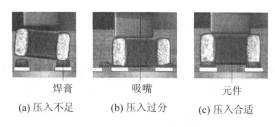

图 2.3.2 贴装元件不同压入程度

2.3.3 贴装工艺

从贴装方式来说，有三种贴装工艺方式：手工方式、半自动方式和全自动方式。其中，手工方式、半自动方式在工业生产中应用已经越来越少。

全自动贴装是采用全自动贴装设备完成全部贴装工序的组装方式，是目前规模化生产中普遍采用的贴装方法。在全自动贴装中，印制板装载、传送和对准，元器件移动到设定的拾取位置上，拾取元器件，元器件检测和定位对准，贴放元器件，直到印制板传送离开工作区域的全过程，均由全自动机器完成而无需人工干预，贴装速度和质量主要取决于贴装设备的技术性能及其应用、管理水平。

全自动贴装工艺是表面贴装技术中对设备依赖性最强的一个工序。整个 SMT 生产线的产能、效率和产品适应性主要取决于贴装工序，而在全自动贴装中贴片机设备起决定性作用。但是这绝不意味着设备决定一切，有了先进的设备不等于有先进的工艺和管理，更不等于自然可以实现高效率、高质量和高产能。这就如同一个体格健全、精力充沛的人，如果没有相应的智商和情商，不可能取得事业成功一样。

2.3.4 贴片机

贴片机实际上是一种精密的工业机器人，它是充分发挥现代精密机械、机电一体化、光电结合以及计算机控制技术的高技术成果，实现高速度、高精度、智能化的电子组装制造设备。

贴片机种类繁多，按使用功能分类，可以把贴片机分为四种。

1) 高速贴片机

高速贴片机又称射片机(Chip Shooter)，因其贴片速度像射击一样飞快而得名。高速贴片机的贴装对象主要是片式元件(Chip)。高速贴片机以速度取胜，最快可达每秒 20 片，不能贴装较大元件和异形元件。这种机器适应少品种、大批量生产，目前仍然有很多应用，但已经不是当前主流。

2) 多功能贴片机

多功能贴片机也叫高精度贴片机或者泛用机，可以贴装高精度的大型、异形元器件，一般也能贴装小型片状元件，几乎可以涵盖所有的元件范围，所以称为多功能贴片机。多功能贴片机大多采用拱架式结构，具有精度高、灵活性好的特点，主要用于贴装各种封装IC和大型、异形元器件，以精度和多功能取胜，其贴片速度不如高速贴片机的。这种机器一般与高速贴片机配套使用，目前虽然仍在发挥作用，但已经退出当前主流。

3) 高速多功能贴片机

高速多功能贴片机，顾名思义就是兼顾速度与功能的综合型机器，其结构也综合了高速贴片机和多功能贴片机的优点，拱架式移动结构和旋转式多头贴片头相结合，集高速贴片机和多功能贴片机的优势于一体。因此，这种贴片机成为当前主流机型之一。

4) 模组式贴片机

高速多功能贴片机虽然实现了速度与功能的兼顾和综合，但对于未来电子产品多品种小批量趋势而言仍然缺乏柔性。一种采用模组式结构，能够适应不同印制板组件产品，并且能够兼顾精度和速度，可快速进行产品生产转换，同时又能适应未来新型封装集成电路和细小元件变化，且可以升级换代的模组式贴装系统应运而生，并且成为新的贴片机发展模式。

图 2.3.3 所示是各种贴片机及贴片头实例。

(a) 高速贴片机

(b) 多功能贴片机

(c) 高速多功能贴片机

(d) 模组式贴片机

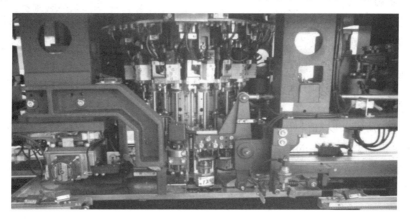

(e) 高速多功能贴片机上的新型闪电贴片头

图 2.3.3　各种贴片机及贴片头实例

2.4　再流焊工艺与设备

2.4.1　再流焊技术

1) 再流焊的定义

再流焊(Reflow Soldering)又称回流焊(也有人称为热熔焊或重熔焊),是一种应用于电气互连的软钎焊技术，它把施加焊料和加热熔化焊料形成焊点作为两个独立的步骤来处理。而其他软钎焊技术，例如烙铁焊接、浸焊和波峰焊则将它们作为一个步骤来处理。再流焊的特点如图 2.4.1 所示。这种焊接方法最大的特点是可以实现底部引线元器件的焊接。另外，由于它把施加焊料分离出来单独处理，因此它可以处理精细尺寸引线的微小型元器件，使电子产品微小型化得以不断推进。

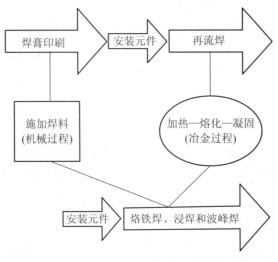

图 2.4.1　再流焊特点示意图

2) 再流焊的种类

再流焊通常按加热方式命名，例如采用红外线加热就称为红外再流焊。能够提供焊料熔化需要的各种热源都可以作为再流焊的热能加热源。实际应用的再流焊方法主要有以下五种：

(1) 汽相再流焊。利用惰性有机溶剂(过氟化物液体)被加热沸腾产生的饱和蒸汽的汽化潜热加热被焊件。

(2) 红外再流焊。以红外辐射源产生的红外线照射到待焊件上即转换成热能，通过数个温区加热至再流焊后所需的温度与热能，然后冷却，完成焊接。

(3) 红外加热风再流焊。一种将热风对流和远红外加热组合在一起的加热方式。此种方式有效结合了红外再流焊和强制对流热风再流焊两者的长处，是目前较为理想的加热方式。

(4) 全热风再流焊。利用加热器与风扇使炉内空气不断升温并循环，待焊件在炉内受到炽热气体的加热，从而实现焊接。

(5) 激光再流焊。将激光能量转换为热能加热焊点的方法。

3) 再流焊的机制

再流焊属于软钎焊的一种，从焊接机制来说，并没有特殊之处。需要注意的是，除局部再流焊(例如激光再流焊)外，大部分再流焊都是整体加热，即加热整个印制电路板组件，包括在前面工序中已经完成焊接的部分，都要经历再流焊的温度循环。这一点在无铅再流焊中由于焊接温度提高，对焊点金属材料影响比较大，主要是结合层金属间化合物(1MC)生长使结合层变厚，从而增加焊点脆性。

另一方面,在再流焊中,当焊料熔化润湿焊件表面时,元器件处于漂浮的状态。由于润湿力作用,如果贴片时元器件贴偏了,再流焊中能够自动纠正,这称为自校正作用,如图 2.4.2 所示。然而,这种漂浮和润湿力作用并不总是有利的。在细小元件再流焊中,由于元件本身质量轻,例如 01005 元件仅 0.04 g,与焊接润湿过程中焊接润湿力相差不大,很容易出现元件两边焊点润湿力不平衡而导致立片,从而成为再流焊中令人头痛的焊件缺陷。

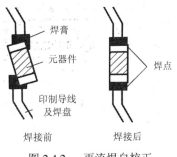

图 2.4.2　再流焊自校正

2.4.2　再流焊工艺过程、工艺曲线和要求

1) 再流焊工艺过程与工艺曲线

无论哪一种再流焊方法,其工艺过程基本都是一样的,只不过不同的再流焊方法每一个过程的具体方式不同而已。

(1) 预热—升温。当 PCB 进入预热—升温 IX(干燥 IX)时,焊膏中的溶剂、气体会蒸发掉,同时焊膏中的助焊剂将润湿焊盘、元器件端头和引脚,焊膏将软化、塌落并覆盖焊盘,将焊盘、元器件引脚与氧气隔离。

(2) 预热—保温。当 PCB 进入预热—保温区时,使 PCB 和元器件得到充分的预热,以防 PCB 突然进入焊接高温区而损坏 PCB 和元器件。

(3) 焊接。当 PCB 进入焊接区时,温度迅速上升使焊膏达到熔化状态,液态焊锡对 PCB 的焊盘、元器件端头和引脚润湿、扩散、漫流或回流混合形成焊锡接点。

(4) 冷却。PCB 进入冷却区使焊点凝固,此时完成了再流焊。

图 2.4.3 所示是以常用 6337 焊料,最普遍的热风再流焊炉为例,将上述工艺过程以加

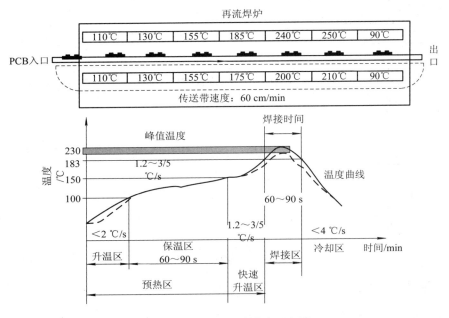

图 2.4.3　再流焊温度曲线示意图

热时间和温度为坐标，表示为时间-温度曲线，称为再流焊工艺曲线或温度曲线。这种曲线因焊膏品种、再流焊炉结构性能、印制板组件(PCBA)种类和结构不同而变化，是通过理论分析和实践探索不断完善的，是生产企业的核心工艺技术。

2) 再流焊工艺要求

(1) 工艺曲线是核心。要设置合理的再流焊温度曲线。再流焊是 SMT 生产中的关键工序，根据再流焊原理，设置合理的温度曲线，才能保证再流焊质量。不恰当的温度曲线会出现焊接不完全、虚焊、元件翘立、焊锡球多等焊接缺陷，影响产品质量。要定期做温度曲线的实时测试。

(2) PCB 焊接有方向。要按照 PCB 设计时的焊接方向进行焊接。

(3) 焊接过程要监控。焊接过程中，应严防传送带振动。当生产线没有配备卸板装置时，要注意在贴装机出口处接板，防止后出来的板掉落在先出来的板上碰伤 SMD 引脚。

(4) 首板检验很重要。在一批加工焊接中，必须对首块印制板的焊接效果进行检查。除常规元器件和焊点检测外，还要检查 PCB 表面颜色变化情况，再流焊后允许 PCB 有少许但是均匀的变色。

3) 再流焊工艺流程

再流焊工艺流程如图 2.4.4 所示。

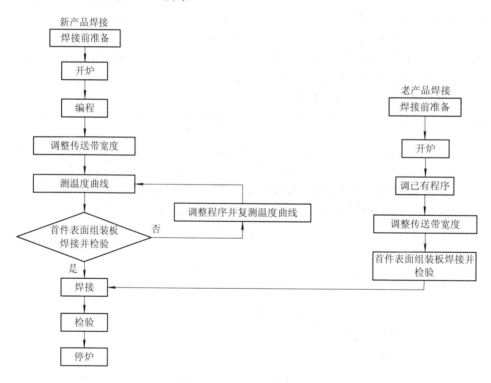

图 2.4.4 再流焊工艺流程

2.4.3 再流焊设备

再流焊设备有很多类型，每一种再流焊方法都对应一类设备，每一类设备又有多种型号。本节仅介绍应用最普遍的热风再流焊机。

回流炉又称再流焊机或再流焊炉，是焊接表面贴装元器件的设备，主要有红外炉、红外热风炉、蒸汽焊炉等。其中，应用最多的是红外热风再流焊炉，图2.4.5所示是其外形及内部结构示意图。

红外热风再流焊炉由炉体、上下红外加热源、PCB传输装置、空气循环装置(风扇配置)、冷却装置、排风装置、温度控制装置和计算机控制系统组成。

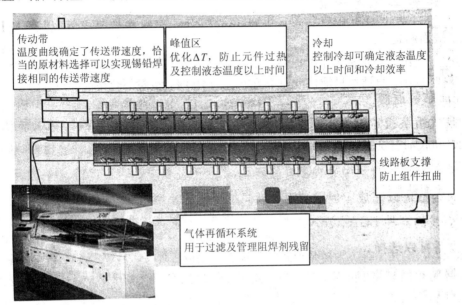

图2.4.5　红外热风再流焊炉的外形及内部结构示意图

再流焊炉的主要技术要求如下：

(1) 温度控制精度：应达到 ±0.1～0.2℃；

(2) 传输带横向温差：要求 ±5℃以下；

(3) 具有温度曲线测试功能；

(4) 最高加热温度：考虑无铅焊接，应该不低于350℃；

(5) 加热区数量和长度：加热区数量越多、加热区长度越长，越容易调整和控制温度曲线。一般中小批量生产选择4～5个温区，大批量选择7个温区以上；

(6) 传送带宽度：应根据最大和最小PCB尺寸确定。

2.5　测试、返修及清洗工艺与设备

2.5.1　表面贴装检测

为了保证产品质量，从原材料到最终产品，测试工作贯穿组装技术的各个环节。不同环节有不同测试要求，采用不同测试工艺和设备。本节仅介绍表面贴装中各环节的检测要求。

(1) 组装前检验(或称来料检验)。表面贴装三种基本原材料是元器件、印制电路板和工

艺与结构材料。

(2) 组装过程中检验。组装过程中检验包括焊膏印刷检验、贴片检验、再流焊工序检验(焊后检验)和清洗检验。

(3) 成品检验。按工艺设计要求对组装好的产品进行 100% 检验，根据产品要求，可以有人工目视、人工仪器(放大镜、显微镜等)或机器检测(AOI、AXI、ICT 等)。

2.5.2　返修工艺与设备

1. 表面贴装返修

尽管现代组装技术水平不断提高，生产中产品一次合格率(通常称为直通率)不断提高，但由于种种原因，直通率只能接近而不可能达到 100%，少量不合格品经过返修，大部分可以达到合格。一般产品检测中发现不合格产品，产品工艺要求都容许返修。一般元器件返修采用手工焊接都可以完成。但随着电子产品越来越复杂，组装密度越来越高，特别对密间距 IC 和底部引线的器件 BGA、QFN，如果采用一般手工工具返修难度很大，目前已经有各种专业返修设备可以选择。

2. 表面贴装返修设备

返修设备实际是一台集贴片、拆焊和焊接为一体的手工与自动结合的机、光、电一体化的精密设备，一般是台式设备，通常称为返修台。返修台能够对 BGA、CSP、PLCC、MICRO-SMD、QFN 等多种封装形式的芯片进行起拔和焊接，是现代各类电子设备 PCB 板返修必不可少的焊接和拆焊工具，也可用于小批量生产、产品开发、新产品测试及电路板维修等工作。

返修台的检测、定位机构与贴片机类似，加热机制与再流焊机相同。根据热源不同，有红外返修台和热风返修台两种。其中，热风返修台适应面广、综合性能占优势，占据主流位置。热风返修台通常配备多种热风喷嘴，以适应不同元器件需求。图 2.5.1 所示是热风返修台及部分热风喷嘴。

图 2.5.1　热风返修台及部分热风喷嘴

2.5.3　清洗工艺与设备

1) 清洗的目的与机制

(1) 清洗的目的。焊后清洗的主要目的是清除再流焊、波峰焊和手工焊后的助焊剂残留物以及组装工艺过程中造成的污染物。

污染物包括焊剂、助焊剂残留物，焊锡球的有机复合物，来自印制板加工过程中的无机物，以及来自元器件引脚和焊端表面的氧化物；还有加工过程中的人为污染(例如来自人体皮肤的肤脂、护肤化妆品等)和环境污染(灰尘、水汽、烟雾、微小颗粒有机物等)。这些污染物的存在，可能导致测试探针接触不良，更严重的是在应用中引起电路板腐蚀、产生离子迁移等故障。因此，对于可靠性要求高的产品，焊后必须清洗。

(2) 清洗机制。清洗是利用物理作用、化学反应去除被洗物表面的污染物、杂质的过程。

无论采用溶剂清洗或水清洗，都要经过表面润湿、溶解、乳化作用、皂化作用等，再通过施加不同方式的机械力将污染物从组装板表面剥离下来，然后漂洗或冲洗干净，最后吹干、烘干或自然干燥。

2) 清洗方法

(1) 刷洗：人工或机械刷洗。

(2) 浸洗：将被洗物浸入清洗剂液面下清洗，可采用搅拌、喷洗或超声等不同的机械方式提高清洗效率。

(3) 喷洗：有空气中喷洗和浸入式喷洗两种。

(4) 离心清洗：利用转动离心力作用使被洗物表面的污染物剥离组装板表面。

(5) 超声波清洗：利用超声波空穴作用，可清洗其他方法很难到达的部位。

3) 清洗设备

不同清洗方法对应不同清洗设备，可以根据产品性质、印制电路板种类、制造工艺及可靠性等方面的要求进行选择。图 2.5.2 所示是一种在线式自动清洗机。

图 2.5.2　在线式自动清洗机

2.6　表面贴装生产线

2.6.1　生产线及其优点

在采用表面贴装技术的电子产品制造工厂中，一般是将各种 SMT 设备按工序和工艺要求连接成流水线形式，产品 PCB 裸板从上料进入生产线，到下料机已经是完成了组装、焊接和检测合格的成品部件。

连续生产线的优点：

(1) 可以缩短 PCB、元件从组装到焊接完的过程时间，避免氧化、吸湿等环境危害因素；

(2) 复杂过程分解简化、降低劳动成本；

(3) 提高生产效率和保证产品质量；

(4) 有利于大规模、大批量现代化生产组织和管理；

(5) 通过计算机在线管理，过程优化，充分发挥设备潜能。

2.6.2 生产线配置

表面贴装生产线如图 2.6.1 所示。根据建线原则，线体配置千差万别，一般主要难度在贴片机。因为线体长度主要取决于贴片机的数量(一条生产线中印刷机和再流焊机只需一台)，而且生产线的工艺能力也主要取决于贴片机的能力。有关贴片机及生产线配置技术，可参见参考文献。

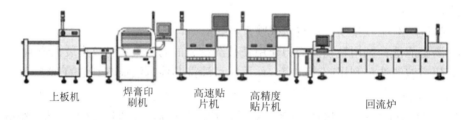

| 上板机 | 焊膏印刷机 | 高速贴片机 | 高精度贴片机 | 回流炉 |

图 2.6.1 表面贴装生产线

第3章　印制电路板制作技术

印制电路板(Printed Circuit Board，PCB)也称为印刷电路板，它是由绝缘基板、印制导线、焊盘和印制电子元器件组成，是电子设备及 SMT 工程实训的重要组成部分，广泛应用于家用电器、仪器仪表、计算机等电子设备中。它可以实现电路中各个电子元器件之间的电气连接或电气绝缘，同时可提供电路中各种电子元器件的固定、装配的机械支撑，为电子元器件的插装、贴片、焊接、检查、维修提供识别字符和图形。由于同类印制电路板具有良好的一致性，因此可以采用标准化设计，这有利于生产制作设备的自动化，有利于保证产品的质量、提高劳动生产率、改善工作环境、降低生产成本。

电子产品向小型化、轻量化、薄型化、多功能和高可靠性的方向发展，对印制电路板的设计提出了越来越高的要求。从过去的单面板发展到双面板、多层板、挠性板等，其精度、布线密度和可靠性不断提高。不断发展的印制电路板制作技术使电子产品设计、装配走向了标准化、规模化、机械化和自动化。因此，掌握印制电路板的基本设计方法和制作工艺，了解生产过程是实现 SMT 工程实训与印制电路板工艺制作技术的基本要求。

3.1　印制电路板设计基础

印制电路板最早使用的是单面纸基材料覆铜板。自从半导体晶体管出现以来，印制电路板的需求量急剧上升，特别是集成电路的迅速发展及其广泛应用，使电子设备的体积越来越小，电路布线密度及难度越来越大，对电路板的要求越来越高。覆铜板也由原来的单面纸基材料覆铜板发展到环氧覆铜板、聚四氟乙烯覆铜板和聚酰亚胺柔性覆铜板。新型覆铜板的出现，使印制电路板不断更新，结构和质量不断提高。目前，计算机设计印制电路板的应用软件已经普及推广，在专业化的印制板生产厂家中，新的设计方法、材料、工艺不断出现。机械化、自动化生产已经完全取代了手工印制电路的生产操作。

目前，印制电路板设计通常有两种方式：一种是人工设计，另一种是计算机辅助设计。无论采用哪种方式，都必须符合原理图的电气连接和产品的电气性能、机械性能要求，且要符合相应的国家标准要求。

1. 印制电路板的材料

在绝缘基材的覆铜板上，按预定设计的方法制成印制线路、印制电子元器件或两者组合而成的电路，称为印制电路。完成了印制电路或印制线路加工的板子，称为印制电路板。制造印制电路板的主要材料是覆铜板。所谓覆铜板，就是经过黏接、热挤压工艺，使一定厚度的铜箔牢固地附着在绝缘基板制作材料上。基板材料及厚度各有不同，铜箔与黏合剂也各有差异，因此制造出来的覆铜板在性能上有很大差异。板材通常按增强材料类别和黏合剂类别或板材特性分类，常用的增强材料有纸、玻璃布、玻璃毡等；黏合剂有酚醛、环氧树脂、聚四氟乙烯和聚酰亚胺等。在设计选用时，应根据产品的电气特性、机械特性及使用环境，选用不同种类的覆铜板。

1) 覆铜板的种类

(1) 酚醛纸基覆铜箔层压板。酚醛纸基覆铜箔层压板是由绝缘浸渍纸或棉纤维浸以酚醛树脂，两面为无碱玻璃布，在其一面或两面覆以电解紫铜箔，经热压而成的板状纸品。此种层压板的缺点是机械强度低、易吸水和耐高温性能差(一般不超过 100℃)，但由于价格低廉，广泛用于低档民用电器产品中。

(2) 环氧纸基覆铜箔层压板。环氧纸基覆铜箔层压板与酚醛纸基覆铜箔层压板不同的是，它所使用的黏合剂为环氧树脂，因此性能优于酚醛纸基覆铜板。环氧树脂的黏结能力强，电绝缘性能好，又耐化学溶剂和油类腐蚀，机械强度、耐高温和潮湿性较好，但其价格高于酚醛纸板。它广泛应用于工作环境较好的仪器、仪表及中档民用电器中。

(3) 环氧玻璃布覆铜箔层压板。此种覆铜箔板是由玻璃布浸以双氰胺固化剂的环氧树脂，并覆以电解紫铜，经热压而成的。这种覆铜板基板的透明度好，耐高温和潮湿性优于环氧纸基覆铜板，具有较好的冲剪、钻孔等机械加工性能，被用于电子工业、军用设备、计算机等高档电器中。

(4) 聚四氟乙烯玻璃布覆铜箔层压板。此种覆铜板具有优良的介电性能和化学稳定性，介电常数低，介质损耗低，是一种耐高温、高绝缘的新型材料。此种覆铜板应用于微波、高频、家用电器、航空航天、导弹、雷达等产品中。

(5) 聚酰亚胺柔性覆铜板。其基材是软性塑料(聚酯、聚酰亚胺、聚四氟乙烯薄膜等)，厚度约 0.25 mm～1 mm。在其一面或两面覆以导电层以形成印制电路系统。使用时将其弯成适合形状，这用于内部空间紧凑的场合，如硬盘的磁头电路和数码相机的控制电路。

2) 覆铜板的非电技术标准

覆铜板质量的优劣直接影响印制板的质量，衡量覆铜板质量的主要非电技术标准有以下四项：

(1) 抗剥强度。使单位宽度的铜箔剥离基板所需的最小力(单位为 kg/mm)，这个指标用来衡量铜箔与基板之间的结合强度。此项指标主要取决于黏合剂的性能及制造工艺。

(2) 翘曲度。单位长度的扭曲值称为翘曲度。这是衡量覆铜板相对于平面的不平度指标，取决于基板材料和厚度。

(3) 抗弯强度。覆铜板所承受弯曲的能力称为抗弯强度，以单位面积所受的力来计算(单位为 Pa)。这项指标取决于覆铜板的基板材料和厚度，在确定印制板厚度时应考虑这项指标。

(4) 耐浸焊性。将覆铜板置入一定温度的熔融焊锡中停留一段时间(一般为 10 s)后，铜箔所承受的抗剥能力称为耐浸焊性。一般要求铜板不起泡、不分层。如果浸焊性能差，印制板在经过多次焊接后，焊盘及导线可能会脱落。此项指标对电路板的质量影响很大，主要取决于绝缘基板材料和黏合剂。

除上述几项指标外，衡量覆铜板的技术指标还有表面平滑度、光滑度、坑深、介电性能、表面电阻和耐氰化物等，其相关指标可参考相关手册。

2．印制电路板的分类

印制电路板的种类很多，一般情况下可按印制电路的分布和机械特性划分。

1) 按印制电路的分布划分

(1) 单面印制板。只在绝缘基板的一面覆铜，另一面没有覆铜的电路板。单面板只能在覆铜的一面布线，另一面放置电子元器件。它具有不需打过孔、成本低的优点，但因其只能单面布线，使实际的设计工作往往比双面板或多层板困难得多。它适用于电性能要求不高的收音机、电视机、仪器仪表等。

(2) 双面印制板。在绝缘基板的两面都有覆铜，中间为绝缘层。双面板两面都可以布线，一般需要由金属化孔连通。双面板可用于比较复杂的电路，但其设计工作并不一定比单面板困难，因此被广泛采用，是现在最常见的一种印制电路板。它适用于电性能要求较高的通信设备、计算机和电子仪器等产品。由于双面印制电路的布线密度高，所以可减小设备的体积。

(3) 多层印制板。多层印制板是指具有 3 层或 3 层以上导电图形和绝缘材料层压合而成的印制板，包含多个工作层面，它是在双面板的基础上增加了内部电源层、内部接地层及多个中间布线层。当电路更加复杂，双面板已经无法实现理想的布线时，多层板就可以很好地解决这一问题。多层印制板可以使集成电路的电气性能更合理，使整机小型化程度更高。

2) 按机械特性划分

(1) 刚性板。刚性板具有一定的机械强度，用它装成的部件具有一定的抗弯能力，在使用时处于平展状态，主要在一般电子设备中使用。酚醛树脂、环氧树脂、聚四氟乙烯等覆铜板都属于刚性板。

(2) 柔性板。柔性板也叫挠性板，柔性板是以软质绝缘材料(如聚酰亚胺或聚酯薄膜)为基材而制成的，铜箔与普通印制板相同，使用黏合力强、耐折叠的黏合剂压制在基材上。表面用涂有黏合剂的薄膜覆盖，防止电路和外界接触引起短路和绝缘性下降，同时能起到加固作用。使用时可以弯曲，从而减小使用空间。

(3) 刚挠(柔)结合板。采用刚性基材和挠性基材相结合组成的印制电路板，其刚性部分用来固定电子元器件作为机械支撑，其挠性部分折叠弯曲灵活，可省去插座等电子元器件。

3.2　印制电路板制造工艺简介

电子工业的发展，特别是微电子技术和集成电路的飞速发展，对印制电路板的制造工艺和精度不断提出新要求。印制电路板种类从单面板、双面板发展到多层板和挠性板。印制电路板的线条越来越细，现在可以做出印制导线在 0.2 mm 以下宽度的高密度印制电路板。但现阶段应用最为广泛的还是单、双面印制电路板，本节将重点介绍这类印制电路板的制造工艺。

3.2.1 印制电路板生产制造过程

印制电路板的制造工艺技术发展很快，不同类型和不同要求的印制电路板采取不同工艺制作方法。但在这些不同的工艺制造流程中，有许多必不可少的基本环节是类似的。因此，制作工艺基本上可以分为减成法和加成法两种。

(1) 减成法工艺。该方法就是在覆满铜箔的基板上，按照设计要求，采用机械的或化学的方法除去不需要的铜箔部分来获得导电图形的方法。例如，用电脑雕刻机雕刻电路板、丝网漏印法、光化学法、胶印法和图形电镀法。

(2) 加成法工艺。该方法就是在没有覆铜箔的层压板基材上，采用某种方法敷设所需的导电图形，如丝网电镀法、粘贴法等。

在生产工艺中用得较多的方法是减成法工艺。其工艺流程如下：

1. 底图胶片制版

在印制电路板的生产过程中，无论采用什么方法都需要使用符合质量要求的且比例为1:1的底图胶片(也称原版底片，在生产时还要把它翻拍成生产底片)。

获得底图胶片通常有两种基本途径：一种是利用计算机辅助设计系统和光学绘图机直接绘制出来，称为 CAD 光绘法；另一种是先绘制黑白底图，再经过照相制版得到，称为照相制版法。

(1) CAD 光绘法。CAD 光绘法就是应用 CAD 软件布线后，利用获得的数据文件来驱动光学绘图机，使感光胶片曝光，经过暗室操作制成原版底片。CAD 光绘法制作的底图胶片精度高、质量好，但设备比较昂贵，需要复杂的设备和一定水平的技术人员进行操作，所以成本较高。这也是 CAD 光绘法至今不能迅速取代照相制版法的主要原因。

(2) 照相制版法。用绘制好的黑白底图照相制版，版面尺寸通过调整相机的焦距准确达到印制电路板的设计尺寸，相版要求反差大、无砂眼。整个制版过程与普通照相大体相同，如图 3.2.1 所示。具体过程不再赘述。需要注意的是，在照相制版以前，应该检查核对底图的正确性，特别是那些经过长时间放置的底图；曝光前，应该确保焦距准确，保证尺寸精度；相版干燥后需要修版，对相版上的砂眼进行修补，用刀刮掉不需要的搭接和黑斑。制作双面板的相版时，应使正、反面两次照相的焦距保持一致，保证两面图形尺寸完全吻合。

图 3.2.1　照相制版流程

2. 图形转移

把相版上的印制电路图形转移到覆铜板上，称为图形转移。图形转移的具体方法有丝网漏印法和光化学法等。

1) 丝网漏印法

用丝网漏印法在覆铜板上印制电路图形，与油印机在纸上印刷文字相类似，如图3.2.2 所示。在丝网上涂覆、黏附一层漆膜或胶膜，然后按照技术要求将印制电路图制成镂空图形(相当于油印中蜡纸上的字形)。现在，漆膜丝网已被感光膜丝网或感光胶丝网取代。经过贴膜(制膜)、曝光、显影、去膜等工艺过程，即可制成用于漏印的电路图形丝网。漏印时，只需将覆铜板在底座上定位，使丝网与覆铜板直接接触，将印料倒入固定的丝网框内，用橡皮刮板刮压印料，即可在覆铜板上形成由印料组成的图形。漏印后需要干燥、修版。

漏印机所用丝网材料有真丝绢、合成纤维绢和金属丝三种，规格以目为单位。常用绢为 150～300 目，即每平方毫米上有 150～300 个网孔。绢目数越大，则印出的图形越精细。丝网漏印多用于批量生产，印制单面板的导线、焊盘或版面上的文字符号。这种工艺的优点是设备简单、价格低廉、操作方便；缺点是精度不高。漏印材料要求耐腐蚀，并有一定的附着力。在简易的制版工艺中，可以用助焊剂和阻焊涂料作为漏印材料。即先用助焊剂漏印焊盘，再用阻焊材料套印焊盘之间的印制导线。待漏印材料干燥后，助焊剂随焊盘、阻焊涂料随印制导线均留在板上。因此，这是一种简便的印制电路板制作工艺。

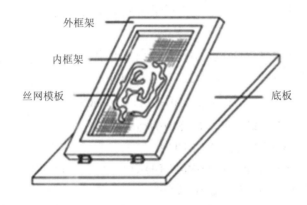

图 3.2.2　丝网漏印法

2) 直接感光法(光化学法之一)

直接感光法适用于品种多、批量小的印制电路板生产，它的尺寸精度高，工艺简单，对于单面板或双面板都适用。直接感光法的主要工艺流程如图 3.2.3 所示。

(1) 表面处理。用有机溶剂去除覆铜板表面的油脂等有机污物，用酸去除氧化层。通过表面处理，可以使感光胶在铜箔表面牢固地黏附。

(2) 上胶。在覆铜板表面涂覆一层可以感光的液体材料(感光胶)。上感光胶的方法有离心式甩胶、手工涂覆、滚涂、浸蘸、喷涂等。无论采用哪种方法，直接感光制版法的主要工艺流程都应该使胶膜厚度均匀，否则会影响曝光效果。胶膜还必须在一定温度下烘干。

图 3.2.3　直接感光法的主要工艺流程

(3) 曝光(晒版)。将照相底版先置于上胶烘干后的覆铜板上，再置于光源下曝光。光线通过相版，使感光胶发生化学反应，引起胶膜理化性能的变化。曝光时，应该注意相版与覆铜板的定位，特别是双面印制板，定位要更严格，否则两面图形将不能吻合。

(4) 显影。曝光后的版在显影液中显影后，再浸入染色溶液中将感光部分的胶膜染色硬化，以显示出印制版图形，便于检查线路是否完整，为下一步修版提供方便。未感光部分的胶膜可以在温水中溶解、脱落。

(5) 固膜。显影后的感光胶并不牢固，容易脱落，应使之固化，即将染色后的板浸入固膜液中停留一定时间。然后用水清洗并置于100℃～120℃的恒温烘箱内烘烤30～60 min，使感光膜进一步得到强化。

(6) 修版。固膜后的版应在化学蚀刻前进行修版，以便修正图形上的粘连、毛刺、断线、砂眼等缺陷。修补所用材料必须耐腐蚀。

3. 化学蚀刻

化学蚀刻在印制电路板生产线上也俗称烂板。它是利用化学方法去除印制板上不需要的铜箔，留下组成焊盘、印制导线及符号等的图形。为确保质量，蚀刻过程应该严格按照操作步骤进行，否则在这一环节中造成的质量事故将无法挽救。

1) 蚀刻溶液

常用的蚀刻溶液为三氯化铁($FeCl_3$)。它蚀刻速度快、质量好、溶铜量大、溶液稳定、价格低廉。其蚀刻机理为氧化-还原反应，方程式如下：

$$2FeCl_3 + Cu = 2FeCl_2 + CuCl_2$$

此外，还有适用于不同场合的其他类型的蚀刻液，如：

(1) 酸性氯化铜蚀刻液($CuCl_2$-NaCl-HCl)。

(2) 碱性氯化铜蚀刻液($CuCl_2$-NH_4Cl-NH_3H_2O)。

(3) 过氧化氢-硫酸蚀刻液(H_2O_2-H_2SO_4)。

注意：在大量使用蚀刻液时，由于使用了强硫强碱，因此应注意安全及环境保护，并且需要采取措施保管或处理好废液，不得随意排放。

2) 蚀刻方式

(1) 浸入式。将印制电路板浸入蚀刻液中，用排笔轻轻刷扫即可。这种方法简便易行，但效率低，对金属图形的侧腐蚀严重，常用于数量很少的手工操作制板。

(2) 泡沫式。以压缩空气为动力，将蚀刻液吹成泡沫，对板进行腐蚀。这种方法效率高，质量好，适用于小批量制板。

(3) 泼溅式。利用离心力作用将蚀刻液泼溅到覆铜板上，达到蚀刻目的。这种方式的生产效率高，但只适用于单面板。

(4) 喷淋式。用塑料泵将蚀刻液压送到喷头，使呈雾状微粒高速喷淋到由传送带运送的覆铜板上，且可以进行连续蚀刻。这种方法是目前技术较先进的蚀刻方式，因而得到了广泛应用。

4. 孔金属化与金属涂覆

1) 孔金属化

双面印制板两面的导线或焊盘的连通，可以通过孔金属化实现。孔金属化就是把铜沉积在贯通两面导线或焊盘的孔壁上，使原来非金属的孔壁金属化。金属化了的孔称为金属化孔，在双面和多层印制电路板的制造过程中，孔金属化是一道必不可少的工序。

孔金属化是利用化学镀技术，即用氧化-还原反应产生金属镀层。其基本步骤是先使孔壁上沉淀一层催化剂金属(如钯)，作为在化学镀铜中铜沉淀的结晶核心，然后浸入化学镀铜溶液中。化学镀铜可使印制板表面和孔壁上产生一层很薄的铜，这层铜不仅薄而且附着力差，一擦即掉，因而只能起到导电的作用。化学镀铜以后再进行电镀铜，使孔壁的铜层加厚并附着牢固。

孔金属化的方法有很多，它与整个双面板的制作工艺相关，主要有板面电镀法、图形电镀法、反镀漆膜法、堵孔法、漆膜法等。无论采用哪种方法，在孔金属化过程中都需要经过以下四个环节：钻孔、孔壁处理、化学沉铜、电镀铜加厚。

金属化孔的质量对双面印制板来说至关重要，在电子产品整机电路中，许多故障的原因均出自金属化孔。因此，对金属化孔的检验应给予重视。

检验内容一般包括以下五个方面：

(1) 外观检查。孔壁金属层应完整、光滑、无空穴、无堵塞。

(2) 电性能检查。金属化孔镀层与焊盘的短路与断路；孔与导线间的孔线电阻值。

(3) 孔的电阻变化率。环境例行试验(高低温冲击、浸锡冲击等)后，孔的电阻率变化不得超过 5%～10%。

(4) 机械强度(拉脱强度)检查。即孔壁与焊盘的结合力应超过一定值。

(5) 金相剖析试验。检查孔的镀层质量、厚度与均匀性，镀层与铜箔之间的结合质量等。

2) 金属涂覆

为提高印制电路的导电、可焊、耐磨、装饰性能，延长印制电路板的使用寿命，提高电气连接的可靠性，可以在印制电路板图形铜箔上涂覆一层金属。金属镀层的材料有金、银、锡、铅锡合金等。涂覆方法可用电镀或化学镀两种。

(1) 电镀法。电镀法可使镀层致密、牢固、厚度均匀可控，但设备复杂、成本高。此法用于制作要求高的印制板和镀层，如插头部分镀金等。

(2) 化学镀。虽然设备简单、操作方便、成本低，但镀层厚度有限且牢固性差，因而只适用于改善可焊性的表面涂覆，如板面铜箔图形镀银等。

为提高印制板的可焊性，浸银是镀层的传统方式。但由于银层容易发生硫化而发黑，反而降低了可焊性和外观质量。为了改善这一工艺，目前较多采用浸锡或镀铅锡合金的方法。特别是对铅锡合金镀层进行热熔处理后，使铅锡合金与基层铜箔之间获得一个铜锡合金过渡界面，大大增强界面结合的可靠性，更能显示铅锡合金在可焊性和外观质量方面的优越性。近年来，各制板厂普遍采用印制板浸镀铅锡合金-热风整平工艺代替电镀铅锡合金工艺，从而简化工序、防止污染、降低成本、提高效率。经过热风整平的镀铅锡合金印制板具有可焊性好、抗腐蚀性好、长期放置不变色等优点。目前，在高密度的印制电路板生产中，大部分采用这种工艺。

3.2.2 印制电路板生产工艺

印制电路板的生产过程虽然都需要上述各个环节，但不同印制板具有不同的工艺流程。本小节主要介绍最常用的单、双面印制板的工艺流程。

1. 单面印制电路板的生产流程

单面印制电路板的生产流程如图 3.2.4 所示。

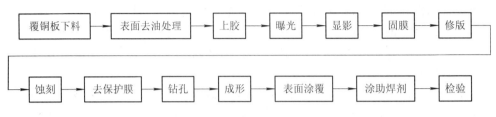

图 3.2.4 单面印制板的生产流程

2. 双面印制电路板的生产流程

双面印制电路板的生产流程如图 3.2.5 所示。双面板与单面板的主要区别在于，双面板增加了孔金属化工艺，即实现两面印制电路的电气连接。由于孔金属化的工艺方法较多，因此双面板的制作工艺也有多种方法，概括分类有先电镀后腐蚀和先腐蚀后电镀两大类。

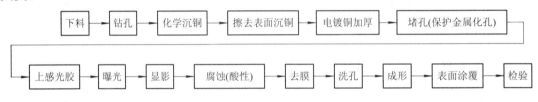

图 3.2.5 双面印制板的生产流程

1) 先电镀的方法

先电镀的方法有板面电镀法、图形电镀法和反镀漆膜法。

2) 先腐蚀的方法

先腐蚀的方法有堵孔法和漆膜法。

常用的堵孔法和图形电镀法工艺介绍如下：

(1) 堵孔法。这是较为老式的生产工艺，制作普通双面印制板可采用此法。堵孔可用松香酒精混合物。堵孔法工序示意如图 3.2.6 所示。

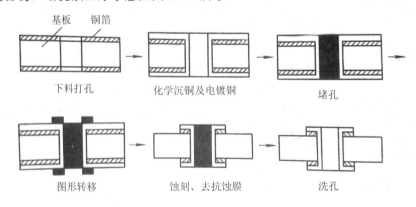

图 3.2.6 堵孔法工序示意图

(2) 图形电镀法。这是较为先进的制作工艺，特别是在生产高精度和高密度的双面印制板中更能显示出优越性。它与堵孔法的主要区别在于，它采用光敏干膜代替感光液，采用表面镀铅锡合金代替浸银，腐蚀液则采用碱性氯化铜溶液取代酸性三氯化铁。采用这种工艺可制作线宽和间距在 0.3 mm 以下的高密度印制板。目前，大量使用集成电路的印制板大都采用这种生产工艺。图形电镀法的工艺流程框图和工艺流程图分别如图 3.2.7 和图 3.2.8 所示。

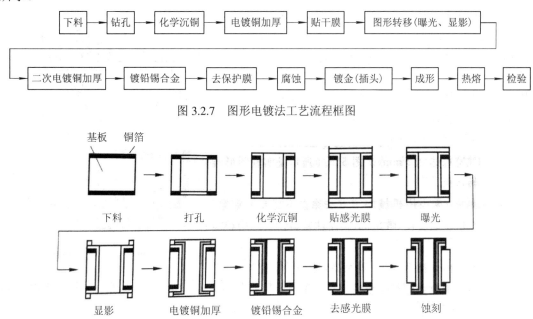

图 3.2.7　图形电镀法工艺流程框图

图 3.2.8　图形电镀法工艺流程图

3.3　手工自制印制电路板的方法

在电子产品样机尚未设计定型的试验阶段，或当爱好者进行业余制作的时候，经常只需要制作一两块供分析测试使用的印制电路板。按照正规的制作工艺步骤，需要绘制出黑白底图以后，再送到专业制板厂去加工。这样制出的板子当然是高质量的，但往往因加工周期太长而耽误时间，并且从经济费用考虑也不太合算。因此，掌握在非专业条件下手工自制印制电路板的简单方法是必要的。本节主要介绍漆图法。

用漆图法自制印制电路板的主要步骤如图 3.3.1 所示。

图 3.3.1　漆图法自制印制电路板工艺流程图

(1) 下料。按板面的实际设计尺寸剪裁覆铜板，去掉四周毛刺，清洗覆铜板表面污垢。

(2) 拓图。用复写纸将已设计好的印制板布线草图拓印在覆铜板的铜箔面上。拓图时为保证两面定位准确，可用胶带纸把草图固定在覆铜板的铜箔面上，上下左右粘贴好，复写纸放在草图与覆铜板之间，在覆铜板与草图上设 4 个定位孔，之后可进行拓图。

(3) 打孔。拓图后可在覆铜板上打出样冲眼，按样冲眼的定位，用小型台式钻床根据需要的孔径打出焊盘上的通孔，确保后期电子元器件焊接装配尺寸符合要求。

(4) 调漆。在描图之前应先把所用的漆调配好。应保证漆的稀稠适宜，以免描不上，画焊盘的漆应比画线条用的稍稠一些。

(5) 描漆图。如图 3.3.2 所示，按照拓好的图形，用漆描好焊盘及导线。首先描焊盘，可以根据焊盘的直径大小选择外径稍细的硬导线或笔芯蘸漆点画，注意应与钻好的孔同心，且尽量描均匀。然后用鸭嘴笔与直尺描绘导线，注意直尺不要将未干的图形蹭坏，可将直尺两端垫高架起，双面板应把两面图形描好。此外，采用油性记号笔进行画线，填图效果也非常好，而且十分方便。

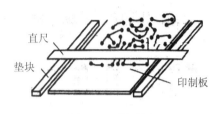

直尺

垫块

印制板

图 3.3.2　描漆图

(6) 腐蚀。腐蚀前应检查图形质量，修整线条、焊盘。腐蚀液一般使用三氯化铁水溶液，浓度在 28%～42% 之间。将覆铜板全部浸入腐蚀液，把没有被漆膜覆盖的铜箔腐蚀掉。在冬季，也可以对腐蚀溶液适当加温，但温度不宜过高，以防将漆膜泡掉。待完全腐蚀以后，取出板子用水清洗。

(7) 去漆膜。用热水浸泡后，可将板面的漆膜剥掉。

(8) 清洗。漆膜去除干净以后，用细砂纸在板面上反复擦拭，去掉铜箔的氧化膜，使线条及焊盘露出铜的光亮本色。擦拭后用清水冲洗晾干。

(9) 涂助焊剂。把已经配好的松香酒精溶液涂在洗净晾干的印制电路板上，作为助焊剂。助焊剂可使板面受到保护，从而提高可焊性。在有条件的情况下，可使用镀锡液进行表面处理。

3.4　现代印制电路板制板技术简介

3.4.1　概述

印制电路板的设计与制作是电子行业，特别是 PCB 设计技术人员和业余爱好者都应该掌握的一项基本技能。前面介绍的手工设计制作印制电路板的方法，只适用于一些比较简单的电路制作。在电子技术迅速发展的今天，仅仅依靠传统的手工 PCB 制作方法是远远无法满足印制电路板设计制作的时代发展要求的。所以，要求设计制作者应改变思维理念，利用现代制造技术，采用新工艺、新方法、新材料、新设备，将传统手工制作方法与现代制作方法相结合，设计制作出符合时代要求的印制电路板。

设计印制电路板的人，都可能有这样的体会：一张稍微复杂的设计图接近完工时，常常会感到剩余的部分电路难以连通，或者会发现已经画好的局部电路不够合理，只好尽弃前力重新另画图样，并在设计制作过程中总要小心谨慎。

计算机辅助设计印制电路板软件的发展，为印制电路的设计与生产开辟了新的途径。操作键盘调动光标在计算机显示屏幕上绘图，与传统方式制作印制电路板相比，修改方便是其显著的优点。利用计算机绘图软件，可以随心所欲地按照自己的想法进行布局、走线设计，有了初稿以后，可再统观全局，不断完善设计过程。修改时只需要按一个键即可删除一条线段或一个焊盘，远比用橡皮擦除图样上的笔迹快捷干净得多。这种方式可以很方便地将电路原理图与 PCB 设计图保存下来，并通过绘图机、打印机、激光光绘机根据印制电路板制作方法的需要打印出来，再根据要求完成印制电路板下一工艺制作环节。另外，还可以通过计算机与 PCB 雕刻机进行连接，一次完成 PCB 电路板的雕刻、打孔、镂空等制作。

3.4.2　计算机辅助设计

计算机技术的飞速发展，硬件速度的提高和功能的增强令人赞叹，软件也日益庞大并向智能化方向发展。特别是 Altium Designer 软件的出现开创了 PCB 设计制作的先河。它的出现不容置疑地使计算机辅助设计(Computer-Aided Design，CAD)向着多功能、智能化、设计制作快捷、更能发挥计算机资源的作用的方向发展，加之 Altium Designer 软件友好的用户界面与操作环境，使它越来越受到电子电路与 PCB 设计制作者的青睐。

1. 印制板 CAD

计算机只是一种工具，而人是设计工作的主体。电子产品设计工作者必须掌握应用计算机辅助设计的基本功，并在实践过程中不断积累经验，提高应用水平。目前，由计算机完成印制电路板的自动布线，其合理性和质量无法与经验丰富的设计者设计出的产品相比。特别是在模拟电路及有特殊要求的电路中，计算机只能接收人输入的设计信息，依靠计算机的速度和存储记忆，对设计方案进行模拟、检验、数据处理。当出现错误或不理想效果情况时，还必须由有经验的人去处理解决。

不可能有适用于各种领域的万能软件，真正高效实用的软件还是各自领域内适用的产品。例如，数字系统与模拟系统，低频与高频系统，其设计思路、原则均有很大差别，很难找到两者均适用的设计软件。对于电子设计人员来说，被商业炒作牵着走是不明智的，最适合自己工作的才是首选。

2. CAD 与 EDA

当今，随着 CAD 技术的日益发展，有速度更快、功能更强、储量更大的硬件平台和更加完善的软件应用支持在电子设计领域代替 CAD 的 EDA (Electronic Design Automatic，电子设计自动化)，这使得 EDA 被广泛地应用在不同的领域，并发挥着越来越大的作用。

虽然，EDA 与 CAD 之间没有明显的分界线，但现代 EDA 的特征是明显的。

(1) EDA 的自动化、智能化程度更高，功能更完善，人机界面更友好，越来越能发挥人的直觉、综合、创造的优势，可以将尽可能多的工作交给机器去完成。

(2) EDA 的开放性和数据交换性好，可以将不同厂商的相关产品集成在一起，构成设计、模拟、验证、布局、布线直到生产加工等一整套产品设计生产制作系统。

(3) EDA 直接面向设计对象，贴近实践。EDA 是电子设计人员对整个产品设计过程和生产实践环节充分研究、透彻理解的产物。它不是一种简单的工具，而是一种综合的产品开发系统，能最大限度地保证产品的工作性能、可靠性和工艺性，可信程度高。

3. 第三代印制电路板 CAD

第三代印制电路板 CAD 软件是 EDA 系统中的主要设计工具之一。Windows

XP/Windows 7 系统具有直观、方便的操作，高效率的局域布局和总体布局。第三代印刷电路板 CAD 采用无网格布线、推挤式布线的高性能布线器，以及其他 EDA 工具，如逻辑模拟、电路分析验证等，组成高效自动化的设计系统，实现电子产品从构思、电路设计到物理结构设计与 PCB 设计的全过程。

3.4.3 印制电路板技术的发展趋势

电子信息产品的小型化、轻量化、多功能、高可靠、低成本以及绿色化趋势，促使印制电路板技术向高密度、高精度、细孔径、细导线、小间距、多层化、高速传输、轻薄型及有利于环保的方向发展。未来印制电路板技术的发展方向有以下六个方面。

1．环保与特殊基材

耐高温耐热冲击、热稳定性高的基材适应当前无铅化的要求，而绿色环保型基材(无卤素、无磷)将是未来发展方向；同时，适应高密度组装、高速电路应用以及耐离子迁移的特殊基材，适用于 HDI 的覆树脂铜箔等都将是今后基材发展的重要方向。

2．高密度互连

(1) 导线宽度与间距将达到 0.05～0.10 mm，甚至 0.03 mm 以下。

(2) 孔径：导通孔孔径小于 0.3 mm；埋孔和盲孔孔径为 0.05～0.15 mm，甚至在 0.03 mm 以下。

(3) 积层式多层板(BUM)具有埋孔和盲孔孔径不大于 0.01 mm、孔环宽小于 0.25 mm，导线宽度和间距小于 0.1 mm 或更小的积层式薄型高密度互连(HDI 板)的多层板。

(4) 超薄型多层印制板，例如六层板的厚度只有 0.45～0.6 mm。

3．电子元器件埋入技术

为了缩小体积，比较复杂的印制电路板都采用多层板技术。把一部分电子元器件埋入多层 PCB 的内部，这样可以减少印制电路板面积，提高组装密度，这种技术称为电子元器件埋入技术或集成电子元器件印制板。目前已经可以把主要无源电子元器件(电阻、电容或电感)以制造方式埋入 PCB 中，随着技术的发展，一部分有源电子元器件也可以埋入 PCB 中。因此，电子元器件埋入技术是很有发展前途的电路技术，其示意图如图 3.4.1 所示。

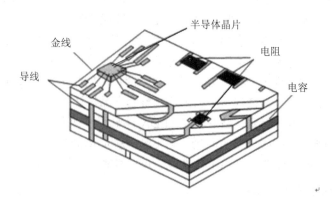

图 3.4.1 电子元器件埋入技术(集成电子元器件印制板)

4．打印印制板技术

打印印制板技术采用喷墨打印原理，实现加成法制造印制板。只需 CAD 布图、钻孔、前处理、喷墨印制、固化等简单工序即可完成印制板的制作。由于不用印制、照相、蚀刻等复杂过程，打印技术十分灵活，几乎无三废(污染)，线条精细，可适用于刚性板和挠性基体，可用卷到卷的生产方式，高度自动化、多喷头并行动作可获得高生产能力，可用于三维封装，实现有源和无源等功能件的集成。这种技术的关键是含金属微粒的"墨水"及喷墨系统。由于工艺简单且节能环保，该技术是未来电子制造技术中极具发展潜力的新技术。

5．光电印制板与光路板

传统电子技术由于信息传输速度和工作频率逐步提高而面临"瓶颈"，越来越受到光电子技术的挑战。一种光电混合的印制板技术正在兴起，未来光电印制板将代替相当一部分电路板的应用，甚至出现以光代电的可能。因此，光电路混合的光电印制板与完全由光电子元器件和材料组成的光路板将是信息技术发展的趋势。

6．多层板

随着微电子技术的发展，大规模集成电路应用日趋广泛。为适应一些特殊应用场合，如导弹、遥测系统、航天、航空、通信设备、高速计算机、微小型化计算机等，产品对多层印制电路不断提出新的要求，这使得多层印制电路板在近几年得到了推广应用。多层印制电路板也称多层板，它是由 3 层以上相互连接的导电图形层，层间用绝缘材料相隔，经黏合而形成的印制电路板，其剖面示意图如图 3.4.2 所示。

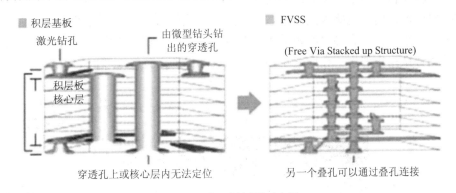

图 3.4.2　多层板剖面示意图

多层板具有如下特点：

(1) 装配密度高，体积小，质量小，可靠性高。

(2) 增加了布线层，提高了设计灵活性。

(3) 可对电路设置抑制干扰的屏蔽层等。

多层板是在双面板基础上发展起来的，在布线层数、布线密度、精度等方面都得到了迅速提高。目前，国外多层板的制板层数可高达 20 层，印制导线的宽度及间距可达到 0.2 mm 以下。

多层板便于电路原理的实现，可在多层板的内层设置地网、电源网、信号传输网等，以适应某些电路在实际应用中的特殊要求。

3.5 印制电路板制作设备解决方案

在电子设计与制作样机尚未确定阶段或在科技创新活动中，往往需要制作少量的印制电路板供实验与调试使用。若按照正规加工工艺标准制作 PCB 电路板，需要送到专业生产厂加工制造，不但加工费用高，而且加工时间还较长。因此，掌握自制 PCB 电路板加工方法，选择什么样的制作设备就显得很重要。前文我们介绍了许多制作印制电路板的方法，从中可以看出手工自制印制板的方法有很多，但是采用什么样的设备涉及较少。本节为设计制作 PCB 和选择加工制作设备提供几种可行方案。

3.5.1 热转印 PCB 制作解决方案

1. 制作设备

制作设备主要采用热转印方法进行 PCB 制作，此方法简单、易操作，投入成本较低，而且精度较高，可满足单面、双面印制电路板设计制作要求。实验室 PCB 制作设备如图 3.5.1 所示，主要包括以下七个部分：

(1) 电脑：用于完成电路原理图与 PCB 图设计，连接打印机后可打印设计图形。

(2) 打印机：采用热转印纸，打印电脑设计完成的原理图与 PCB 图。

(3) 剪板机：用于裁剪 PCB 电路板的原材料覆铜板。

(4) 热转印机：用于转印原理图与 PCB 图。

(5) 腐蚀液：腐蚀电路板的溶液，一般采用三氯化铁溶液，也可以采用其他溶液。

(6) 塑料箱：作为腐蚀电路板的容器装置，大小可根据制作电路板的尺寸决定。

(7) 小台钻：主要用于在印制电路板上钻孔，一般选择转速较高的为好。

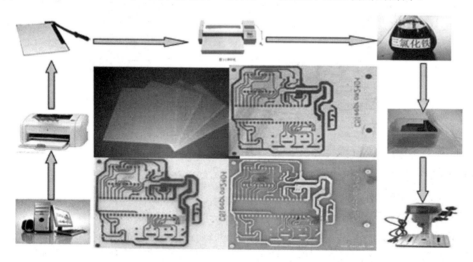

图 3.5.1　实验室 PCB 制作设备

2. 热转印单面板制作流程

热转印 PCB 制作基本流程如图 3.5.2 所示。

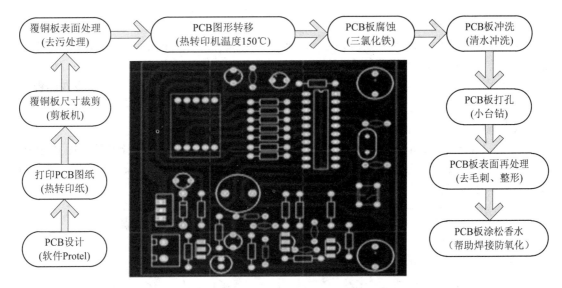

```
覆铜板表面处理        PCB图形转移           PCB板腐蚀           PCB板冲洗
(去污处理)      →    (热转印机温度150℃)  →  (三氯化铁)     →    (清水冲洗)
    ↑                                                              ↓
覆铜板尺寸裁剪                                                 PCB板打孔
(剪板机)                                                      (小台钻)
    ↑                                                              ↓
打印PCB图纸                                                 PCB板表面再处理
(热转印纸)                                                   (去毛刺、整形)
    ↑                                                              ↓
PCB设计                                                     PCB板涂松香水
(软件Protel)                                               （帮助焊接防氧化）
```

图 3.5.2　热转印 PCB 制作基本流程

3. 单面板制作方法

(1) 用 Protel 或 Altium Designer 设计软件绘制电路原理图与 PCB 图，然后用激光打印机(HP1020 或 HP1008)将设计好的单面 PCB 图打印在热转印纸上。

(2) 根据转印好的 PCB 尺寸，在剪板机上裁剪出相同尺寸的单面覆铜板。

(3) 对裁剪好的覆铜板进行表面去污处理，可先用洗洁精或 400～600 号水砂纸在覆铜板表面及四周轻轻擦洗，擦洗完后再用清水冲洗干净，最后烘干水分。

(4) 图形转移就是把打印好的 PCB 图纸的有图形的一面贴到清洗处理好的覆铜板上进行热转印。为了保证转印效果可用两条小胶带纸把热转印纸与覆铜板粘贴好，粘贴部分一般选择在 PCB 电路板的顶端，等热转印机的温度到达 120～150℃时就可以进行 PCB 图形转移(热转印)了。

(5) 把粘贴好的 PCB 电路板(贴有胶带纸的一端)送入热转印机来回压两次，热转印纸上的图形在高温的作用下使熔化的墨粉完全吸附在覆铜板上完成转印。

(6) 等覆铜板冷却后轻轻揭去热转印纸，检查焊盘与导线是否有转印不清楚的地方。如果有，可用油性记号笔、胶带纸直接在覆铜板上将图形、焊盘、导线重新填图并处理好。

(7) 将转印处理好的覆铜板放入浓度为 28%～42%的三氯化铁水溶液中，也可以用比例为 2∶1∶2 的双氧水+盐酸+水混合液。覆铜板全部浸入溶液后，不停地晃动溶液，观察蚀刻过程，待焊盘孔完全腐蚀后，取出电路板并用清水冲洗。

(8) 将电路板上的腐蚀液用清水冲洗干净并烘干后，就可以根据焊盘上需要的孔径尺寸进行钻孔。钻孔时需注意钻床转数应取高速，钻头应刃磨锋利，进刀不宜过快，以免将铜箔挤出毛刺。

(9) 打孔完成后再用水砂纸(400 号～600 号)在清水下轻轻擦拭电路板，去掉转印墨粉、毛刺与铜箔氧化膜，直到电路板露出铜的光亮本色为止。

(10) 冲洗烘干后的 PCB 电路板应立即做防氧化处理，如镀锡、涂助焊剂与阻焊剂。助焊剂可用已配好的松香酒精溶液，阻焊剂可用绿油。至此，就完成了电路板制作。

4．双面板制作流程

双面板与单面板生产的主要区别在于增加了孔金属化工艺，即实现了两面印制电路的电气连接。由于孔金属化工艺很多，相应双面板的制作工艺也有多种方法。但是，如果在制作条件受到限制，电路又不太复杂的情况下，不用孔金属化的方式也可以完成双面板的制作。

双面板的具体制作方法与单面板制作方法相似。

(1) 用 Protel 或 Altium Designer 设计软件绘制电路图与 PCB 图。设计好的双面 PCB 图一般分为顶层、底层和可自定义层，用激光打印机(HP1020 或 HP1008)将顶层和底层分别打印在热转印纸上，如图 3.5.3(a)和(b)所示。

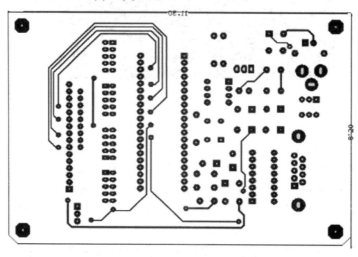

(a) 顶层图纸

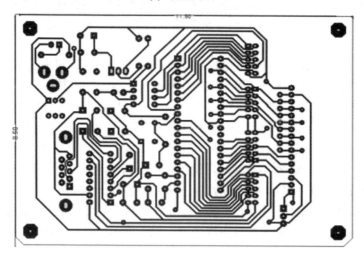

(b) 底层图纸

图 3.5.3　打印好的双面板图纸

(2) 根据转印好的 PCB 尺寸，在剪板机上裁剪出相同尺寸的双面覆铜板。

(3) 对裁剪好的覆铜板的两个表面进行去污处理，可先用洗洁精或 400～600 号水砂纸在覆铜板双表面及四周轻轻擦洗，擦洗完后再用清水冲洗干净，最后烘干水分。

(4) 图形转移就是把打印好的 PCB 图的"顶层图"贴到处理好的覆铜板上一面(顶层或自定义层)进行热转印。热转印前需要在转印好的转印纸上找到 4 个定位孔(建议在设计 PCB 电路板前就把定位孔设计好,一般是在电路板的 4 个角),在电路板的中心位置也找 1 个定位点,共 5 个定位孔。此时,需要在顶层图纸的定位孔上穿 5 个眼孔,其目的是为了保证在第 2 次转印时与底层图形对应。同样,为了保证转印效果可用两条小胶带纸把热转印纸与覆铜板粘贴好,粘贴部分一般选择在 PCB 电路板的顶端。等热转印机的温度到达 120~150℃时就可以进行 PCB 图形转移(热转印)了。

(5) 顶层转印好后,不要立即揭去热转印纸,这点很重要。这时根据制作方法的第(4)项要求在"顶层"面的定位孔上,连同覆铜板用小台钻打孔。

(6) 把"底层"转印纸贴到覆铜板的"底层"面上,根据定位孔的孔位,在贴"底层"面转印纸时需要按双面板的设计要求把"顶层"与"底层"的导电图形相对应。具体方法是,用大头针把"顶层"(连同覆铜板)与"底层"图纸定位穿孔贯通(也可将集成电路的第 1 脚与 N 脚对应)。同样,为了保证转印效果可用两条小胶带纸把"底层"热转印纸与覆铜板粘贴好。检查无误后,再把贴有"顶层、底层"的覆铜板送入热转印机来回压两次,热转印纸上的图形在高温的作用下使熔化的墨粉完全吸附在覆铜板上,从而完成热转印。

(7) 等覆铜板冷却后轻轻揭去"顶层、底层"热转印纸,检查焊盘与导线是否有转印不清楚的地方。如果有,可用油性记号笔、胶带纸直接在覆铜板上将图形、焊盘、导线重新填图并处理好。

(8) 将转印处理好的覆铜板放入浓度为 28%~42% 的三氯化铁水溶液中,也可以用比例为 2∶1∶2 的双氧水+盐酸+水混合液。覆铜板全部浸入溶液后,不停地晃动溶液,观察蚀刻过程,待焊盘孔完全腐蚀后,取出电路板再用清水冲洗。

(9) 将电路板上的腐蚀液用清水冲洗干净并烘干后,就可以根据焊盘上需要的孔径尺寸进行钻孔。钻孔时需注意钻床转数应取高速,钻头应刃磨锋利,进刀不宜过快,以免将铜箔挤出毛刺。

(10) 打孔完成后用水砂纸(400 号~600 号)在清水下轻轻擦拭电路板,去掉转印墨粉、毛刺与铜箔氧化膜,直到电路板露出铜的光亮本色为止。

(11) 冲洗烘干后的 PCB 电路板应立即做防氧化处理,如镀锡、涂助焊剂与阻焊剂,助焊剂可用已配好的松香酒精溶液。

(12) 制作好的双面板电路板上的过孔,可以用导线进行手工连通焊接,也可参考孔金属化方式处理。至此,双面印制电路板就制作完成了。

5. 印制电路板制作后的检查

根据上述方法制作单、双面印制电路板的制作工艺比较简单,质量容易得到保证。但在进行焊接前还应进行下列检查:

(1) 导线焊盘、字与符号是否清晰、无毛刺,是否有桥接或断路。

(2) 镀层是否牢固、光亮,是否喷涂助焊剂。

(3) 焊盘孔是否按尺寸加工,有无漏打或打偏。

(4) 板面及板上各加工的孔尺寸是否准确,特别是印制板插头部分。

(5) 板厚是否合乎要求,板面是否平直无翘曲等。

3.5.2　PCB 线路板雕刻机解决方案

1．制作设备

图 3.5.4(a)所示是雕刻机设备，图 3.5.4(b)所示是雕刻机雕刻的线路板。

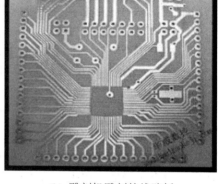

(a) 雕刻机　　　　　　　　　　　　　　(b) 雕刻机雕刻的线路板

图 3.5.4　雕刻机及其雕刻出来的线路板

2．制作原理

线路板雕刻机是一种机电、软硬件互相结合的高新科技产品。它利用 PCB 线路设计软件(Protel 或 Altium Designer)生成的 PCB 文件信息，通过雕刻机控制器转换为国际通用的 G 代码加工文件，或通过 U 盘直接将 G 代码读入雕刻机的手持控制器来控制雕刻机自动完成雕刻、钻孔、切边等工作。它利用物理雕刻方法，在空白的覆铜板上把不必要的铜箔铣去，留下需要的导电图形、文字，形成用户设计需要的线路板。

3．制作方法

覆铜板是在绝缘基体上粘贴覆盖一层导电的铜而形成的。从原理上看，制作一张线路板的过程，就是利用铣刻的原理把线路板上不必要的覆铜部分铣去。这一过程与传统的雕刻过程相似，区别在于传统雕刻利用手工完成，而现代雕刻则利用数控原理让机器自动完成线路板雕刻。

PCB 线路板雕刻机可根据设计软件生成的线路文件，自动、精确地制作单、双面印制电路板。用户只需在计算机上完成 PCB 文件设计并据其生成加工文件，然后通过电脑与雕刻机连接，或者通过 USB 通信接口传送给雕刻机的控制系统，雕刻机就能快速自动完成雕刻、钻孔、切边等全部工作，制作出一块精美的线路板，真正实现低成本、高效率又环保的自动化印制电路板制板。

4．制作流程

(1) 利用 Protel 或 Altium Designer 设计原理图与 PCB 图，并保存设计好的单面或双面 PCB 图。

(2) 根据设计的 PCB 尺寸，选择单面板或双面板并在剪板机上裁剪。为了便于雕刻过程中的操作，覆铜板的尺寸一般应比设计尺寸多预留 2 cm 大小。

(3) 用双面胶把裁剪好的覆铜板粘贴在雕刻机平台上，再根据雕刻机操作程序完成单面、双面电路板的雕刻，包括打孔等处理。

(4) 雕刻后的电路板同样要进行去污处理，可先用洗洁精或 400～600 号水砂纸在覆铜板表面及四周轻轻擦洗，擦洗完后再用清水冲洗干净，最后烘干水分。

(5) 冲洗烘干后的 PCB 电路板应立即做防氧化处理，如镀锡、涂助焊剂与阻焊剂，助焊剂可用已配好的松香酒精溶液。

(6) 制作好的双面板电路板上的过孔，可参考孔金属化方式进行处理，也可以用导线进行连通焊接，单面板则不需要。至此，印制电路板就制作完成了。

从雕刻机制作电路板的操作流程来看，该设备操作简单，可靠性高，是高校电子、机电、计算机、控制、仪器仪表等相关专业实验室，以及电子产品研发企业及科研院所、军工单位等的理想工具。

第4章 MP3-FM 播放器基本原理

MP3 是一种音频压缩技术，其全称是动态影像专家压缩标准音频层面 III (Moving Picture Experts Group Audio Layer III，MP3)。它被设计用来大幅度地降低音频数据量，利用 MPEG Audio Layer 3 技术，将音乐以 1:10，甚至 1:12 的压缩率压缩成容量较小的文件，以满足复制、存储、传输的需要。

FM 是一种以载波的瞬时频率变化来表示信息的调制方式(Frequency Modulation，FM)。我们习惯上用 FM 来指一般的调频广播，在我国它的频率范围为 87.5～108 MHz。事实上，FM 也是一种调制方式。即使在短波范围内的 27～30 MHz 之间，作为业余电台、太空、人造卫星通信应用的波段，也有采用调频(FM)方式的，FM radio 即为调频收音机。

在本章，我们把 MP3 与调频(FM)接收两种方式相结合的播放器称为 MP3-FM 播放器。

4.1 MP3 播放器

4.1.1 MP3 播放器的基本概念

MP3 是利用人耳对高频声音信号不敏感的特性，将时域波形信号转换成频域信号，并划分成多个频段，对不同的频段使用不同的压缩率，对高频信号加大压缩比(甚至忽略信号)，对低频信号使用小压缩比，从而保证信号不失真。这样一来就相当于抛弃人耳基本听不到的高频声音，只保留能听到的低频部分，从而将声音用 1∶10 甚至 1∶12 的压缩率压缩。由于这种压缩方式的全称叫 MPEG Audio Layer3，所以人们把它简称为 MP3。

根据 MPEG 规范的说法，MPEG-4 中的 AAC(Advanced Audio Coding)将是 MP3 格式的下一代。MP3 还分为耳机 MP3 和外放 MP3 两大类。传统 MP3 需要戴耳机才有很好的音质，但是这对人们的耳膜有所伤害。而外放 MP3，对耳膜几乎没有任何伤害，因而得到人们的喜爱。

对于大多数用户来说，重放的音质与最初的不压缩音频相比没有明显的下降，人耳听起来感觉不到有失真。因为它把超出人耳听力范围的声音从数字音频中去掉，但不改变最主要的声音。MP3 音乐是在 1991 年由位于德国埃尔朗根的研究组织 Fraunhofer-Gesellschaft 的一组工程师发明和标准化形式存储的音乐，能播放 MP3 音乐的机器就叫做 MP3 播放器。

对于 MP3 解码电路的理解，也是让我们深刻感受到数字电路和模拟电路的区别的地方。模拟电路处理的信号通常是连续信号，通过一系列电子器件的功能来进行转换，如收音机的检波等。但是，数字信号的处理则完全是数字离散信号的处理，其中涉及很多数学算法，然后通过一个微处理器来运行已经编好的代码，使人有一种计算机科学的感觉，同时也很有意思。从一定意义上来说，数字电路比模拟电路更加易于使用和功能扩展，特别是在超大规模集成电路已经普及的今天，在电子产品尺寸不断缩小的时代，数字电路能用更小、更少的元器件完成复杂的功能运算并实现功能。

4.1.2 MP3 播放器的基本原理

1. MP3 解码的基本原理和算法

MP3 的解码总体上可分为九个过程：比特流分解、霍曼解码、逆量化处理、立体声处理、频谱重排列、抗锯齿处理、IMDCT 变换、子带合成、PCM 输出等。为了解上述九个过程的由来，需了解 MP3 的压缩流程。声音是一种模拟信号，对声音进行采样、量化、编码将得到 PCM 数据。PCM 又称为脉冲编码调制数据，是电脑可以播放的最原始的数据，也是 MP3 压缩的源信号。为了达到更大的数据压缩率，MPEG 标准采用了子带编码技术。首先，它将 PCM 数据分成 32 个子带，每个子带都独立地编码。然后，将数据变换到频域下分析，MPEG 采用的是改进的离散余弦变换，也可以使用傅里叶变换。为了重建立体声，MPEG 进行了频谱变换，并按特定规则的排列进行立体声处理，按照协议定义对处理后的数据进行量化。为了达到更大的压缩率，MPEG 再进行霍曼编码，最后将一些系数与主信息融合形成 MP3 文件。

2. 解码芯片

它的作用，顾名思义就是将存储在介质(Flash 或者硬盘)上的 MP3 文件解码。它是 MP3 随身听工作中最重要的部件，在很大程度上影响产品最终的音质表现。MP3 是一种有损压缩的格式。如果 MP3 随身听拥有优秀的解码芯片，就能够更好地还原音频信号的质量，可在很大程度上弥补音频信号的损失。将 MP3 解码芯片、MCU(微处理器)、接口控制芯片和操作控制电路集成到一起称为一个芯片方案，或者叫主芯片。我们常听到的 PHILIPS×××芯片方案、SIGMATEL××××芯片方案，就是这个意思。比较知名的高档芯片主要有 PHILIPS、SIGMATEL、TELECHIPS，其他芯片相对来说比较低端。

3. AUX 输入/输出的基本原理

Aux 是"Auxiliary(辅助)"的缩写，它是一种额外的信号线路设计。在一般的音响器材上，除了正式的输出与输入端子之外，常常还会配备几个标有"Aux"的输入输出端子，作为备用的接线端。当您有特别的应用，例如要做额外的声音输出或输入时，就可以利用这种端子。这种备用端子或线路，不论输入或输出，我们统称为 Aux。

4. 特点

(1) MP3 是一种数据压缩格式。

(2) 它丢弃了脉冲编码调制(PCM)音频数据中对人类听觉不重要的数据(类似于 JPEG 是一个有损图像压缩)，从而节省了存储空间。

(3) MP3 音频可以按照不同的位速进行压缩，提供了在数据大小和声音质量之间进行权衡的一个范围。MP3 格式使用了混合的转换机制将时域信号转换成频域信号。

(4) 32 波段多相积分滤波器(PQF)。

(5) 36 或者 12 波段改良离散余弦滤波器(MDCT)；每个子波段大小可以在 0、1 和 2～

31 之间独立选择。

(6) MP3 不仅有广泛的用户端软件支持，还有很多的硬件支持，比如便携式媒体播放器(指 MP3 播放器)DVD 和 CD 播放器。

4.2　FM 播放器

4.2.1　FM 播放器的基本概念

FM(Frequency Modulation，FM)称为调频。调频广播信号是通过无线广播发射机发送出来，再经过接收天线接收，并将其还原成人耳能够听到的音频信号的。我们把具有这种功能的收音机称为 FM 播放器。无线广播信号的种类可分为调幅(AM)广播和调频(FM)广播。根据接收信号的种类，收音机可分为调幅收音机、调频收音机和调幅/调频收音机。AM 及 FM 指的是无线电学上的两种不同的信号调制方式。AM(Amplitude Modulation，AM)称为调幅，只有一般中波广播 MW(Medium Wave，MW)采用调幅(AM)方式。因此，在不知不觉中，MW 与 AM 之间就被画上了等号。实际上，MW 只是诸多利用 AM 调制方式的一种广播，比如在高频(3～30 MHz)中的国际短波广播所使用的调制方式也是 AM，甚至比调频广播更高频率的航空导航通信(116～136 MHz)也是采用 AM 方式。我们日常所说的 AM 波段指的就是中波广播(MW)。

1. 无线电波的划分

在无线电通信中起关键作用的是电磁波，载着信息的高频信号通过天线发送信号产生电场，同时天线周围也产生磁场。伴随电场的向外扩展，也有磁场向外扩展，这样电场和磁场由近到远向外传播，即交变磁场和交变电场形成统一的波，也就是我们所说的电磁波。无线电流以光的速度在空间中传播，在电磁波中所占的范围很广。随着无线电技术的发展，无线电波波长在长波和短波两方面不断发展，其波长最短的只有几百微米，最长的可达几万米。无线电波的波长划分如表 4.2.1 所示。

表 4.2.1　无线电波波长划分表

波段名称	波段范围	频率范围	频段名称	主要用途
长波	$10^3 \sim 10^4$ m	30～300 kHz	低频(LF)	电力通信、导航
中波	$10^2 \sim 10^3$ m	300 kHz～3 MHz	中频(MF)	调幅广播、导航
短波	$10 \sim 10^2$ m	3～30 MHz	高频(HF)	调幅广播
超短波	1～10 m	30～300 MHz	甚高频(VHF)	调频广播、电视、移动通信
分米波	$10 \sim 10^2$ cm	30 MHz～3 GHz	特高频(UHF)	电视、移动通信、雷达
厘米波	1～10 cm	3～30 GHz	超高频(SHF)	微波通信、卫星通信
毫米波	1～10 mm	30～300 GHz	极高频(EHF)	微波通信

无线电波可以用波长表示，也可以用频率表示。习惯上，频率低的无线电波(如长、中、短波)用频率表示，频率高的无线电波(如超短波、微波)用波长表示。频率和波长的关系如下：

$$\lambda = \frac{c}{f} \text{ 或 } f = \frac{c}{\lambda}$$

其中，f 为频率，单位为赫兹(Hz)；λ 为波长，单位为米(m)；c 为波速，单位为米/秒(m/s)。

在表 4.2.1 中，分米波、厘米波及毫米波统称为微波。上述波段划分只是相对的，因为各波段之间没有明显的分界线，但各波段之间的特性却有明显的差别，所以在实践中要不断地加深认识和理解。

2. 无线电波的传播

无线电波从发送天线传播到接收天线有不同的传播方式。无线电波主要有四种传播方式，即地波、天波、空间波、散射波，如图 4.2.1 所示。

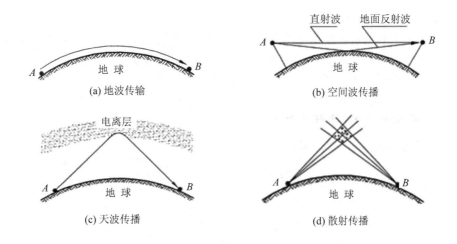

图 4.2.1　无线电波的几种传播方式

地波是沿着地面推进的无线电波，又叫表面波。如图 4.2.1(a)所示，地球表面对地波的吸收作用会使地波的强度逐渐降低。降低的强度与地波的频率以及地表是海洋还是陆地有关，海洋的吸收作用比陆地的吸收作用要小，频率低的地波比频率高的地波吸收小。因此，地波的传播距离受影响，但地波在传播上比较稳定可靠，在无线电发展初期广泛使用。现今 3000 m 以上的长波，主要是靠地波来传播，其强度随传播距离增大而减小。我国的中波广播采用地波，如图 4.2.2(a)所示。地波只适宜在较小频率范围的长波和中波的广播及通信业务上使用。

天波是依靠电离层的反射和折射作用返回地面到达接收点的无线电波，如图 4.2.1(c)所示。电离层就是距地面 40～80 km 高度的电离的大气层。电离层能反射电波，对电波也有吸收作用，但对频率很高的电波吸收很少。短波主要靠天波传播，如图 4.2.1(c)所示，电波可以通过电离层的一次反射到达接收点，也可以经过电离层及地面的多次反射到达接收点。短波在传播时会出现信号衰落现象，使信号在传播时产生强烈的失真和干扰，甚至有时接收不到信号，这是短波传播的一个严重缺点。另外，在电台近处接收不到信号，而在离电台一定距离以外的地方又能收到信号，这种现象叫跳越现象。虽然接收不太稳定，但它能以很小的功率借助天波传播很远的距离，因此可以用于国际台广播、无线传真、海上和空中通信等。

空间波是从发射点由空间直线传播到达接收点的无线电波，又叫直射波。由于它的空间传播距离仅限于视距范围，因此又叫视距传播，如图4.2.1(b)所示。频率在30 MHz以上的超短波和微波主要依靠空间波传播，传播距离有限，依据架设天线的高度决定，即依视线范围大小而定。超短波波段很宽，可分布大量的无线电电台而不至于互相干扰，其传播过程与电离层无关，所以超短波通信很稳定。但这种传播因受遮挡物(如高山和高大建筑)的阻挡，传播距离和传播高度受限制。近年来，利用空间波传输的通信方式是建造地面微波中继站，微波的频率极高，频带极宽，能传送大量的信息。在地面每隔50~60 km建一个微波中继站，如接力赛跑一样，信息通过微波接力通信被广泛传播。这种传播方式不受任何自然条件的限制，可将信息传得很远。电视广播广泛采用这种传播方式。但建立地面中继站经常受到自然条件的限制，如在海洋、沙漠或高山上建站就很困难。为了克服这些条件限制又发展了卫星中继通信。

散射波是由于对流层和电离层的不均匀而散射微波和超短波的无线电波，如图4.2.1(d)所示。这些无线电波可辐射到很远的地方去，从而实现超视距通信，传播距离可达几百到一千千米。由于散射后的无线电波能量损失很大，要求散射通信的发射机功率很大，接收机灵敏性、方向性很强。对于像沙漠、海疆、岛屿等无法建立微波中继站的地方，可利用散射波来传递信息。目前，散射传播方式主要应用在军事通信方面。

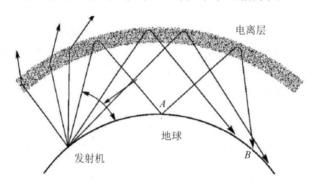

图 4.2.2　中波、短波的传播

4.2.2　无线电广播的基本原理

1. 广播的基本原理

在飞速发展的现代社会里，信息资源的传递离不开先进的现代通信方式，卫星通信、数字通信、数据通信、光纤通信、移动通信等各种通信方式不断发展和日趋完善。无线电通信可利用在空中传播的电磁波来传递消息(消息可以是符号、文字、语言、图片、音乐和活动景象等)。按所传递的消息的不同，通信方式分为五种，即电报、电话、传真、广播、电视。从广义上看，无线定位、无线遥控也是通信。前三种通信方式为双工通信，只限于两个站点可同时发送和接收信息。如图4.2.3所示，

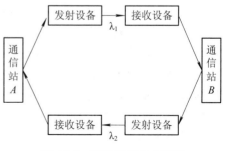

图 4.2.3　双工通信方式框图

A、*B* 两个通信地点，*A* 站以波长 λ_1 向 *B* 站发送信息，而 *B* 站以波长 λ_2 向 *A* 站发送信息。这样在 *A* 站和 *B* 站间就建立了双工无线电通信系统，*A* 站与 *B* 站可以进行通话、通报或传真。

无线电通信的另一种方式是单工通信，无线电广播和电视就采用这种通信方式。广播电台和电视台通过发送设备播发节目(语言、音乐、图像等)，将被无数形状各异的接收机所接收。虽然从发射机到接收机的通信线路有无数条，但它是单一方向的，同一地点不能同时发送和接收。图 4.2.4 所示是无线电广播框图。

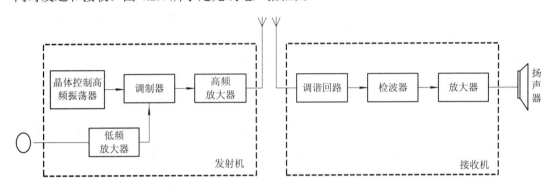

图 4.2.4　无线电广播框图

2. FM 播放器的基本原理

调频广播以其频带宽、音质好、噪声低、抗干扰能力强等突出优点使世界各国争相发展，这使调频立体声广播得以实现，也促使调频广播技术日趋成熟。调频广播使用超短波段，其国际标准波段为 88～108 MHz。调频收音机一般采用超外差式接收，中频为 10.7 MHz。

1) 调频广播的特点

调频广播与调幅广播相比，克服了调幅广播电台间隔小、接收通频带窄、保真度不高、抗干扰能力差、密集的电台信号干扰以及差拍与串音严重等缺点。这是因为调频广播采用了载波频率随调制音频信号变化而幅度不变的调频方式。调频波在音频信号正半周时，频率增高而波形变得紧密；在音频信号负半周时，频率降低波形变得疏松，波形疏密相间随音频调制信号的变化而变化。频偏的大小与调制信号的幅度成正比。一般调频广播的最大频偏规定为 ±75 kHz，所以每一个电台最少要占用 150 kHz 的频谱空间。为了留有余量，每一个电台都要有 200 kHz 的通带范围。为了在调频波段容纳较多的电台，调频广播使用超短波发射。而调频收音机都设计有限幅器，用于把外来的以幅度调制的各种干扰信号从调频波上"切"掉，从而消除干扰，如图 4.2.5 所示。另外，超短波为空间波的直线传播，受各种空间干扰的机会少得多，所以调频收音机声音清晰，噪音很小，信噪比大大提高。调频广播方式的缺点是传输距离短，占有频带宽，调频收音机电路较调幅收音机电路复杂一些。

图 4.2.5　加限幅器的调频波形

2) 调频收音机的构成

调频收音机最基本的功能与调幅收音机比较相似，区别在于调频收音机中解调功能由鉴频器(也叫频率解调器或频率检波器)来完成，从而将调频信号频率的变化还原为音频信号。其他功能的电路和调幅收音机中的一样。

调频收音机依电路结构形式来分，可分为直接放大式和超外差式两种；依接收信号的种类来分，有单声道调频收音机和调频立体声收音机。调频收音机电路由高频放大电路、混频电路、中频放大电路、鉴频器，低频放大电路和喇叭或耳机组成。调频立体声收音机的结构与单声道调频收音机结构的区别就在于：前者在鉴频器后加了一个立体声解调器，分离出两个音频通道来推动两个喇叭，从而形成立体声音。

3. 调频立体声收音机

1) 立体声的形成

人的听觉具有敏锐的方向感，具有声像定位的能力。在倾听某一声源发出的声音时，两耳接收声波会有一定的时间差、声强差和相位差。单声道放声时，声音来自一个方向，声源是一个点，听者感觉不出声音的方位感、展开感，也就是立体感。比如，我们坐在听众席欣赏舞台上交响乐团的演出，可以准确判断出各种乐器、各个声部的位置，对乐队的宽度感、深度感及分布感很明显。人耳的这种"双耳效应"是我们享受立体声得天独厚的条件。立体声技术正是模仿人的"双耳效应"的方向效果而实现的。图4.2.6所示是音频立体声系统的示意图。图中模拟双耳的左、右话筒捕捉到乐队现场演出的声音信息，经左、右两路完全相同的高保真放大系统放大后重放。当我们居于两路扬声器之间的一定聆听位置时，就会感到原来乐队的立体声像，具有身临其境的现场感。双声道立体声虽然还不能把现场复杂的综合信息完全再现出来，但它所表现出的音乐宽阔宏伟、富于感染力，是单声道放声系统所无法比拟的。

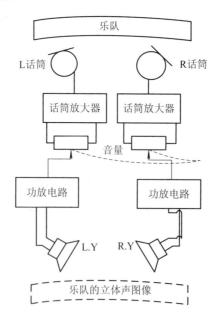

图 4.2.6 音频立体声系统示意图

2) **实现调频立体声**

实现调频立体声广播广泛采用的是导频制。我国也把导频制作为立体声广播的制式。导频制的主要优点之一是具有兼容性，就是普通单声道调频收音机可以收听立体声调频广播，立体声调频收音机也可以收听单声道调频广播。

导频制立体声广播的过程是这样的：

左(L)、右(R)两路音频信号先运用和差方法，如图 4.2.7 所示，在矩阵电路里变成和信号 L+R 及差信号 L–R；L+R 作为主信号，而 L–R 要先去调制一个 38 kHz 的副载波以产生 L–R 调差信号，并将其作为副信号。

38 kHz 的副载波是由 19 kHz 振荡器产生的振荡信号经倍频器倍频供给的。为了避免副载波占用频带、增加发射功率、降低信噪比，必须在副载波完成产生副信号的任务以后，将它抑制掉。这种抑制副载波的调幅过程是在平衡调制器里进行的。

差信号调制副载波的主要目的是为了在收音机里实现左右声道分离，因此在收音机里还要把抑制掉的副载波"再生"出来。再生的副载波要和发射机内被抑制前的副载波同频、同相，以保证收、发同步。所以，在调制载频的信号中，除了主信号和副信号外，还要加入一个 19 kHz 的导频信号作为同步信号，以便在收音机里"导引"出 38 kHz 的副载波信号。这正是导频制名称的由来。

19 kHz 的导频信号也是由发射机中的 19 kHz 振荡器提供的。因此，导频信号与副载波信号同出一源，收发两地容易实现同频、同相。现在可以知道，和信号(主信号)、已调差信号(副信号)及导频信号共同组成立体声复合信号。立体声复合信号在发射机的立体声调制器里对主载频进行调制，最后经高频功率放大，以 88～108 MHz 频段内的某一频率发射出去。

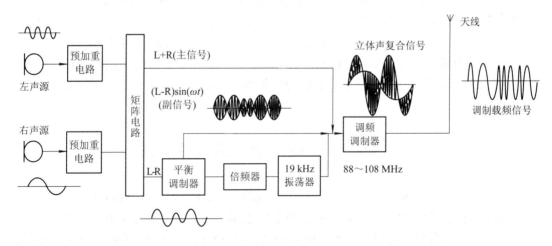

图 4.2.7　立体声广播的发射系统方框图

调频立体声收音机在接收到调频立体声音后，经高放、变频、中放、鉴频取出立体声复合信号，然后把它加到立体声解调器中分离出左、右两个声道信号来。左声道信号和右声道信号分别输送给两路音频放大器，再推动两路扬声器进行立体声重放，如图 4.2.8 所示。

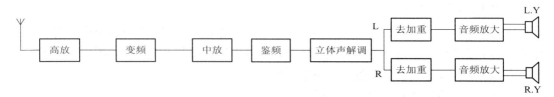

图 4.2.8　调频立体声收音机框图

调频立体声收音机电路的输入回路、高放、变频、中放及鉴频电路与单声道调频收音机电路完全相同。不同的是，调频立体声收音机多了一个立体声解调器和一路音频放大器及一路扬声系统。立体声解调器后面的去加重网络用于去除高频噪声，以改善调频收音机高频段音频的信噪比。在发射机的音频电路中有意使高音频预先得到"加重"，而在接收机里再去除这种"加重"成分，去加重网络实际是一个低通滤波器。如图 4.2.9 所示是电子开关式解调器的原理框图。

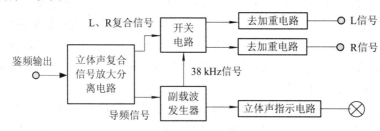

图 4.2.9　电子开关式解调器原理框图

3) 立体声解调器的简单工作过程

首先，由鉴频器解调出的立体声复合信号分离出主、副信号和导频信号。其次，导频信号进入副载波发生器，经倍频、放大恢复发射端被抑制的 38 kHz 副载波，并用副载波作为开关信号与主、副信号一起加到开关电路。38 kHz 开关信号以每秒 38 000 次的速率快速切换，交替导通左、右声道信号，从而将左、右声道信号解调出来。早期的立体声解码器是由分立元件组成的。由于分立元件解码器电路复杂，其可靠性及分离度指标都很差，目前已极少采用。现今广泛采用性能十分优越的集成电路立体声解码器和集成锁相环(PLL)立体声解码器。

4.3　MP3-FM 播放器电路原理简述

本系统采用 GPD2856 芯片作为主控芯片，并将程序部分固化在芯片 ROM 中，利用 SPI 协议与 SD 卡通信，实现 MP3 格式音乐播放；利用 I²C 协议实现与收音机芯片 RDA5807/BK1080 的通信，控制收音机频率从 87.5 MHz、64 MHz 到 108.0 MHz 进行电台搜索。另外，系统通过主控芯片 ADC 引脚进行电压采集，通过外围不同采样电阻实现不同功能和模式的切换，从而达到系统智能控制目的。此外，主控芯片具有掉电记忆功能(包括歌曲信息、音量大小、播放模式的记忆)和电台存储功能。电台存储后可通过左右键进行电台切换。主控芯片本身具有30 级音量输出功能，同时通过外部芯片 8002 进行功率放大，实现了很好的 MP3 音乐播放与FM 收音播放的音质效果。图 4.3.1 所示是 MP3-FM 播放器电路原理图。

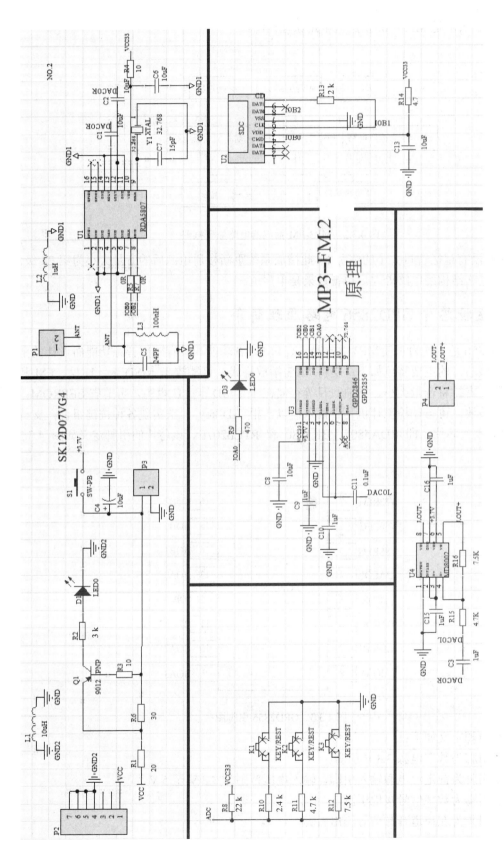

图 4.3.1　MP3-FM 播放器电路原理图

图 4.3.2 所示是 MP3-FM 播放器电路原理框图。

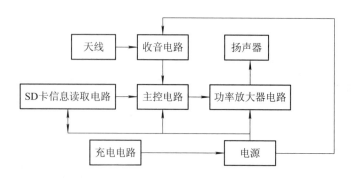

图 4.3.2 MP3-FM 播放器电路原理框图

注: 在没有记忆音量大小的情况下, 此播放系统重新接通电源后的音量大小为第 24 级, 且本系统电路结构经电路处理后声音效果是单声道。

4.3.1 主控芯片 GPD2856 电路原理简介

GPD2856 是一款为了使 MP3 播放器具有 FM 收音功能和具有外部音源功能而设计的主控芯片。该芯片的主要特色如下: 支持 MP3 播放格式; 可播放 T 卡/SD 卡、U 盘、FM 和外部音源; 支持将音量大小、歌曲数目等存储在 T 卡/SD 卡、U 盘中, 可节省 EEPROM; 支持耳机播放, 可自动检测耳机是否插入; 以一根 AD-key 口来实现各种按键组合; 支持三款 FM 收音芯片, 即 RDA5807、BK1080 和 RTC6207E。该芯片的引脚定义如图 4.3.3 所示。

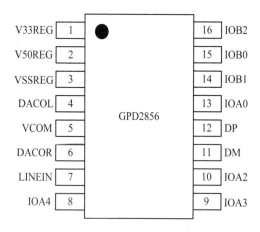

图 4.3.3 GPD2856 引脚图

各个引脚定义如下:
第 1 引脚为数字电源 3.3 V 引脚。
第 2 引脚为锂电池电源输入引脚, 输入电压范围为 3.3 V 至 5 V。
第 3 引脚为数字信号接地引脚。
第 4 引脚为左声道音频信号输出引脚。

第 5 引脚为音频信号中心点引脚，需外挂一个 1 μF 非极性电容稳定电压。

第 6 引脚为右声道音频信号输出引脚。

第 7 引脚为 LineIn 的左、右输入引脚。

第 8 引脚为按键输入引脚。

第 9 引脚为时钟信号输出引脚。可为外接的 FM 收音芯片提供时钟信号，此时需要为该引脚接一个下拉电阻；也可悬空，此时外接的 FM 收音芯片需接一个 32 768 Hz 的晶振。

第 10 引脚为外部功放静音使能引脚。

第 11 引脚接 USB 的 DM 线。

第 12 引脚接 USB 的 DP 线。

第 13 引脚可外接 LED 作为模式信号灯，也可作为功能选项，定义按键模式。

第 14 引脚可作为 T 卡或 SD 卡的时钟信号，也可检测 SD 卡是否插入，此时需要接 3.3K 的下拉电阻。

第 15 引脚可作为 T 卡或 SD 卡的控制信号线，也可作为 I^2C 的时钟信号线接到外接 FM 收音芯片。

第 16 引脚可作为 T 卡或 SD 卡的数据信号线，也可作为 I^2C 的数据信号线接到外接 FM 收音芯片。

GPD2856 芯片集成了 MP3 音乐数据解码、数模转换、SPI 总线控制和 I^2C 总线控制等功能，是一款性能优越的多功能控制集成芯片，主要应用于有 FM 收音机功能的 MP3 播放器，无屏迷你音箱等。同时，该芯片还具有电源电压检测功能，当电源电压低至 3.2 V 时，该芯片能够智能地将 MP3 播放这一耗电量较大的功能停用，只可使用 FM 收音机功能；当电源电压低至 2.8 V 以下，整个系统将全部停止工作，这时候需要对电池进行充电方可使整个电路重新正常工作。GPD2856 外围电路如图 4.3.4 所示。

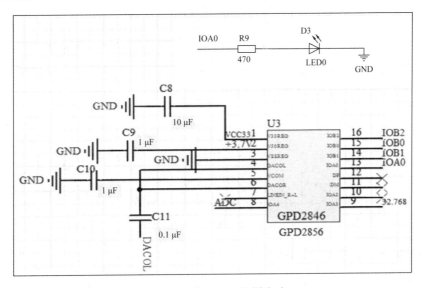

图 4.3.4　GPD2856 外围电路

4.3.2 SD 卡电路原理简介

图 4.3.5 所示是 SD 卡外围电路。SD 卡通过 SPI 总线的形式接入主控芯片中,以主控芯片的第 14 引脚作为 SD 卡的时钟信号,以第 15 引脚作为对 SD 卡的控制信号线,以第 16 引脚作为对 SD 卡的数据信号线,再加上供电部分电路即可实现主控芯片对 SD 卡的控制。当 MP3-FM 播放器工作在 MP3 播放模式时,主控芯片就可以通过读取 SD 卡中的音乐数据实现 MP3 的播放。

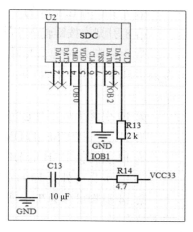

图 4.3.5 SD 卡外围电路

SPI(Serial Peripheral Interface,SPI)总线是 Motorola 公司推出的一种同步串行接口技术,是一种高速、全双工、同步的通信总线。SPI 主要应用在 EEPROM、Flash、实时时钟(RTC)、数模转换器(ADC)、数字信号处理器(DSP) 以及数字信号解码器之间,其工作时序原理如图 4.3.6 所示。主机设备会根据将要交换的数据来产生相应的时钟脉冲,时钟脉冲组成了时钟信号,时钟信号通过时钟极性和时钟相位控制着两个 SPI 设备间何时进行数据交换以及何时对接收到的数据进行采样,从而保证数据在两个设备之间是同步传输的。

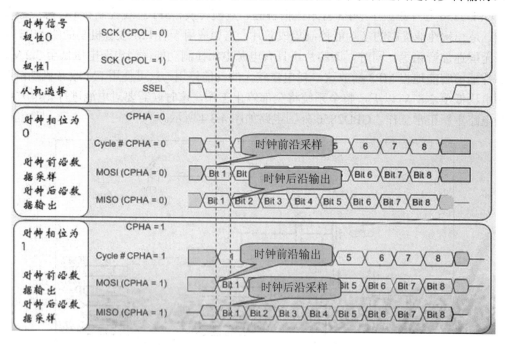

图 4.3.6 SPI 工作时序图

4.3.3 按键电路原理简介

图 4.3.7 所示是按键电路图。该电路利用电阻分压的原理实现不同模式之间的切换与控制。当没有按键按下时,由于三个分压电阻(R10,R11,R12)没有与地相连,此时 ADC 点

的电压为电源电压 3.3 V；当按键 K1(K2 和 K3 同理)按下时，R8 与分压电阻 R10 串联并接通到地，形成分压作用，此时 ADC 点的电压为 2.4 k × 3.7 V / (22 k + 2.4 k) = 0.36 V。这样，主控芯片 GPD2856 就会根据其检测到的电压而进行相应的状态切换等控制。

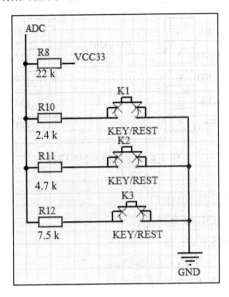

图 4.3.7　按键电路

本书所设计的 MP3-FM 播放器可实现 MP3 播放和 FM 收音两种工作模式。在 MP3 工作模式下，按下 K1 按钮并立即释放可实现播放上一曲，按下 K1 按钮并延迟一段时间释放可实现减小播放音量；按下 K2 按钮并立即释放可实现暂停/开始播放，按下 K2 按钮并延迟一段时间释放可将 MP3 模式转换为 FM 收音模式；按下 K3 按钮并立即释放可实现播放下一曲，按下 K3 按钮并延迟一段时间释放可实现增大播放音量。在 FM 收音工作模式下，按下 K1 按钮并立即释放可实现播放已存储的上一频道节目，按下 K1 按钮并延迟一段时间释放可实现减小播放音量；按下 K2 按钮并立即释放可实现开始/停止搜索电台和存储，按下 K2 按钮并延迟一段时间释放可将 FM 收音模式转换为 MP3 模式；按下 K3 按钮并立即释放可实现播放已存储的下一频道节目，按下 K3 按钮延迟一段时间释放可实现增大播放音量。

4.3.4　FM 收音芯片 RDA5807 电路原理简介

RDA5807 芯片是一款调频广播立体声收音机调谐器芯片，具有完全集成的频率合成器，选择 RDS/RBDS 和 MPX 解码器。该芯片采用 CMOS 工艺制作而成，支持多接口，只需要最少的外围器件，这使得它非常适合便携式设备。该芯片的主要特色如下：CMOS 单片全集成的 FM 调谐器；低功耗；支持世界各地的频带；完全整合数字频率合成器；自动搜索调谐；可支持 32.768 kHz、12 MHz、24 MHz、13 MHz、26 MHz、19.2 MHz、38.4 MHz 的晶振；具有两线或三线串行控制总线接口；自动数字增益控制等。该芯片引脚定义如图 4.3.8 所示。

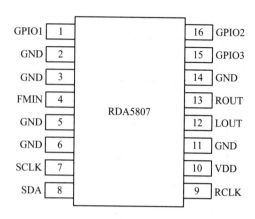

图 4.3.8　RDA5807 引脚图

各个引脚定义如下：

第 1、15、16 引脚为通用输出接口。

第 2、3、5、6、11、14 引脚为接地。

第 4 引脚为调频无线电输入负端。

第 7 引脚为串行通信的时钟信号线端口。

第 8 引脚为串行通信的数据输入/输出端口。

第 9 引脚为外部时钟信号或晶振接口。

第 10 引脚为数字电源接口。

第 12 引脚为左声道音频输出。

第 13 引脚为右声道音频输出。

图 4.3.9 所示是 RDA5807 外围电路图。RDA5807 通过 I^{2}C 总线的方式接入主控芯片中，以主控芯片的第 9 引脚作为外部时钟信号接入 RDA5807 的第 9 引脚，以主控芯片的第 15 引脚作为总线时钟信号线接到 RDA5807 芯片的第 7 引脚上，以主控芯片的第 16 引脚作为数据信号线接到 RDA5807 的第 8 引脚上，这样就实现了主控芯片对 RDA5807 的控制。当 MP3-FM 播放器切换到 FM 收音模式时，主控芯片就可以通过 I^{2}C 总线向 RDA5807 发送控制信号，从而使 RDA5807 开始工作，实现 FM 收音功能。

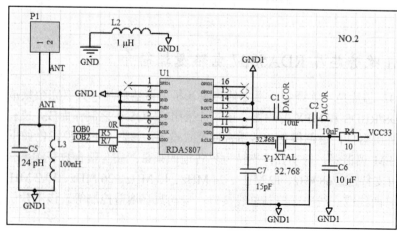

图 4.3.9　RDA5807 外围电路图

RDA5807 的内部结构框图如图 4.3.10 所示。该芯片使用数字中低频结构，集成了低噪声的放大器(LNA)、正交镜像抑制混频器、可编程增益控制器(PGA)、高分辨率的模数转换器(ADC)、音频数字信号处理器(DSP)、高保真的数模转换器(DAC)和串行总线接口。LNA 具有差分输入端口，LNA 的单向或双向输入的默认输入电阻都是 150 Ω，默认输入共模电压端都为接地；限幅器(Limiter)可防止负荷过载，并且限制了由强大相邻通道产生的交叉调制的数量；正交混频器的作用是镜像频率抑制；PGA 对混频器输出的中低频信号进行放大并通过 ADC 使其数字化；DSP 主要完成频道的选择、FM 的解调、立体声多路传输解码和输出音频信号；DAC 将数字音频信号转换为模拟信号同时改变音量的大小，有低通滤波器的特性，−3 dB 处的截止频率为 30 kHz；串行总线接口主要完成与主控芯片的连接。

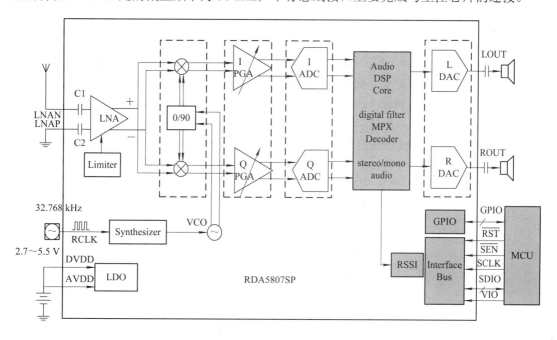

图 4.3.10　RDA5807 内部结构框图

I²C 总线是由 PHILIPS 公司开发的两线式串行总线，用于连接微控制器及其外围设备，是微电子通信控制领域广泛采用的一种总线标准。它是同步通信的一种特殊形式，具有接口线少、控制方式简单、器件封装形式小、通信速率较高等优点。RDA5807 通过串行数据(SDA)线和串行时钟(SCLK)线在连接到总线的器件间传递信息。RDA5807 的 I²C 总线工作时序原理分为读和写两个部分，分别如图 4.3.11 和图 4.3.12 所示。

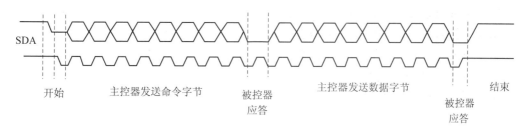

图 4.3.11　I²C 的写时序图

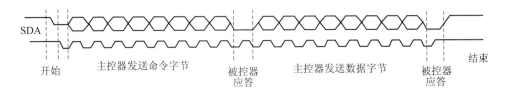

SDA

开始　　　主控器发送命令字节　　　被控器　　　主控器发送数据字节　　　被控器　　结束
　　　　　　　　　　　　　　　　　应答　　　　　　　　　　　　　　　　应答

图 4.3.12　I²C 的读时序图

4.3.5　FM 收音芯片 BK1080 电路原理简介

BK1080 芯片的调频接收器采用中低频结构，混合了所有数字检波技术。BK1080 的频道搜索基于频道接收信号强度估计和信号质量评价，增加了有效信号站点的数量并且避免了不可用的站点。BK1080 可以实现低功耗的调频收音，也可以以最少外接部件实现调频收音。该芯片的主要特色如下：支持 64 MHz 至 108 MHz 之间调频收音；实现自动增益控制和自动频率控制；搜索调谐；内置接收信号强度指示器；可进行信号质量估计；内置立体声解码器；可实现立体声和单声道之间的切换；自动噪声抑制；可接受 2.5 V 至 5.5 V 的电压供电；具有 I²C 和三线控制接口等。该芯片引脚定义如图 4.3.13 所示。

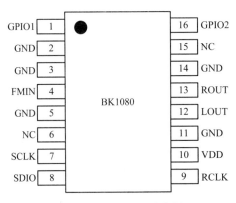

图 4.3.13　BK1080 引脚图

各个引脚定义如下：

第 1、16 引脚为通用输出接口。

第 2、3、5 引脚为射频接地线。

第 4 引脚为调频无线电输入负端。

第 6 引脚悬空。

第 7 引脚为串行通信的时钟信号线端口。

第 8 引脚为串行通信的数据输入/输出端口。

第 9 引脚为外部时钟信号或晶振接口。

第 10 引脚为数字电源接口。

第 11 引脚为数字接地端口。

第 12 引脚为左声道音频输出。

第 13 引脚为右声道音频输出。

第 14 引脚为模拟接地端口。

第 15 引脚为模拟电源接口。

BK1080 的外围电路图与 RDA5807 的相同，只需将图 4.3.9 中的电容 C5 改为 18 pF 即可。BK1080 通过 I²C 总线的方式接入主控芯片，以主控芯片的第 9 引脚作为外部时钟信号接入 BK1080 的第 9 引脚，以主控芯片的第 15 引脚作为总线时钟信号线接到 BK1080 芯片的第 7 引脚上，以主控芯片的第 16 引脚作为数据信号线接到 BK1080 的第 8 引脚上，这样就实现了主控芯片对 BK1080 的控制。当 MP3-FM 播放器工作在 FM 收音模式时，主控芯片就可以通过 I²C 总线向 BK1080 发送控制信号，从而使 BK1080 实现相应功能。

BK1080 的内部结构框图如图 4.3.14 所示。该芯片使用数字中低频结构，减少了外围器件。该芯片集成了低噪声的放大器(LNA)；自动增益控制器(AGC)，可控制 LNA 的增益，使其灵敏度最优化且抑制强干扰；镜像抑制混频器；可编程增益控制器(PGA)，对混频器输出进行放大；高分辨率的模数转换器(ADC)，将混频器输出的信号数字化；音频的 DSP 处理器，可完成频道的选择、FM 的解调、多路传输的解调和音频信号的输出；高保真的数模转换器(DAC)，将数字音频信号转换为模拟信号；串行总线接口，实现与主控芯片的连接。

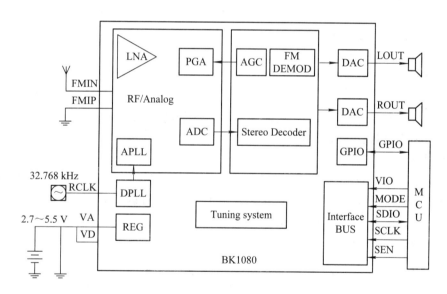

图 4.3.14　BK1080 内部结构框图

BK1080 的 I²C 总线的工作时序如图 4.3.15 所示。

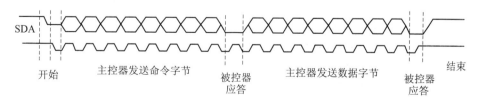

图 4.3.15　BK1080 的 I²C 总线读/写时序图

4.3.6 功放芯片 8002 电路原理简介

8002 是一款带关断模式，专为大功率、高保真的应用所设计的音频功放芯片，所需外围电路少，且在 2.0 V 至 5.5 V 的电压下即可工作。该芯片的主要特色如下：无需输出耦合电容或外部缓冲电路；具有稳定的增益输出；可由外部电路设置增益大小。该芯片引脚定义如图 4.3.16 所示。

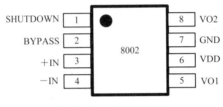

图 4.3.16　8002 引脚图

各个引脚定义如下：

第 1 引脚为关断端口，当该端口与 VDD 相连时可进入关断模式，此时电路功耗极低，工作电流仅为 0.6 μA。

第 2 引脚为电压基准端，需接一个非极性电容到地来改善电源电压抑制比，且该电容需尽可能靠近 MD8002 芯片。

第 3 引脚为正相输入端。

第 4 引脚为反相输入端。

第 5 引脚为音量输出端 1。

第 6 引脚为电源正向输入端，电源电压范围为 2.0 V 至 5.5 V。

第 7 引脚为电源负向输入端。

第 8 引脚为音量输出端 2。

图 4.3.17 所示为 8002 外围电路部分。将主控芯片和 FM 收音芯片的音频输出都接到由 8002 构成的放大电路输入端，通过调节反馈电阻的大小即可调节增益大小。然后，在将 8002 的两个音量输出端上接一个扬声器即可实现音频的播放。

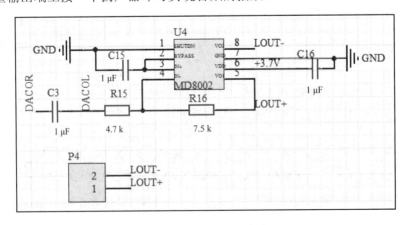

图 4.3.17　8002 外围电路

8002 的内部结构框图如图 4.3.18 所示。该芯片内部共有两个运放工作，但两个运放的设置却有所不同。第一个运放增益可在外部用 Rf 和 Ri 两个电阻进行设置，而第二个运放的增益则固定不变。第一个运放的输出信号实际上是第二个运放的输入信号，而且两个运放产生的信号数量相同、相位相反，因此 8002 的增益为 $A_V = 2 \times (Rf/Ri)$。为驱动负载，运放设置成桥接方式。桥接方式不同于一些常见的运放电路把负载的一端接地，在同等条件下能使负载产生 4 倍的输出功率。

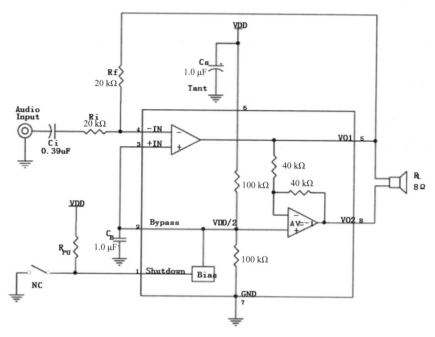

图 4.3.18　8002 内部结构框图

功率放大器的种类很多，本书中用的是 8002 集成功率放大器电路，采用 8 脚塑料封装结构。该电路在电源电压 2.3～5.2 V 范围内可正常工作，负载阻抗为 4 Ω，失真度为 10% 时，声道输出功率典型值为 3 W。8002 失真度小，输出电流(500 mA)、负载阻抗低(最低可至 1.6 Ω)。以下参数内容需要同学们自己利用网络查询后填入。

(1) 电路参数。

(2) 应用电路。

(3) 内部电路。

(4) 管脚排列。

系统中的功率放大器是非常重要的设备，无论室内室外都有对声音响度的要求，也就是对功率放大器输出功率的大小的要求。功率放大器的作用就是对前置放大器的低电平信号进行放大，使信号的电压和功率放大到足以驱动扬声器发出声音。

对功率放大器的要求是：有平直的频响、足够大的输出功率、足够的储备功率富余量，而且信噪比要高，失真要小。

4.3.7　充电限流与指示电路原理简介

图 4.3.19 所示是充电限流与指示电路。

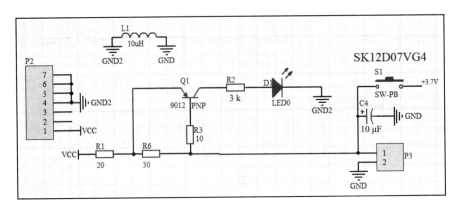

图 4.3.19 充电限流与指示电路

本书中充电部分采用了普通手机充电器，电路中由 Q1、R2、D1、R1、R6、R3 组成充电显示与限流电路，充电电流控制在 70～80 mA。

第5章 MP3-FM 贴片与焊接

众所周知，任何一个电子产品都是由几个甚至是几千万个元器件按电路工作的原理，按一定的工艺方法焊接装配而成。贴片过程中如果把元器件装错、焊接过程焊接质量出现问题都会影响电路的工作性能，甚至造成整机无法正常工作。为此，关注每一个贴片元件的质量和每一个焊点的焊接质量，就成为提高产品质量和工作可靠性的基本保证。

本章我们将通过不同阶段的学习，使大家逐步掌握 MP3-FM 播放器的工艺制作流程和方法。PCB 检查→PCB 在焊膏印刷上的定位→刮焊膏(焊膏印刷机模板)→检查 PCB 上刮焊膏的质量→手工贴片→贴片元件检查→修复处理→回流焊→焊接后的质量检查→修复(手工)，完成整个 MP3-FM 的贴片、焊接、装配等制作过程。

5.1 MP3-FM 播放器贴片

MP3-FM 电路板上使用的阻容元件均采用 1206 系列贴片元件，所用电子器件除 S1、P3、P4、Y1、P1 需要手工焊接外，其他电子器件全部采用 SMT 回流焊。在回流焊前，需要把 PCB 上所有的元器件一次装贴好，首先需要做的就是在 PCB 上刮焊膏。

贴片式电阻器、电容器的基片大多采用陶瓷材料制作，这种材料受碰撞易破裂。贴片式集成电路的引脚数量多、间距窄、硬度小，如果贴片不当，就容易造成引脚焊锡短路、虚焊等故障，因此在贴片过程中需要十分细心。

1. 焊膏印刷机

焊膏印刷机刮焊膏的目的是把焊膏准确涂抹在 PCB 板的焊盘上，以便完成电子元件的贴片和回流焊过程。焊膏印刷机如图 5.1.1(a)所示。本实验使用了 0.2 mm～0.3 mm 不锈钢材料，做成 30 cm×40 cm 的焊膏印制模板，再根据 PCB 电路板焊盘上的位置在模板上开孔，如图 5.1.1(b)所示。

2. 手工刮焊膏的方法与基本流程

刮焊膏时，利用焊膏印刷机把 PCB 电路板放到焊膏印刷机台面上，模板准确放到 PCB 电路板上方，固定后在模板上刮焊膏。电路板的固定方法如图 5.1.1(c)所示，刮焊膏的方法如图 5.1.1(d)所示。刮完焊膏后，在模板的开孔处及 PCB 电路板的焊盘上就会留下焊膏。当把模板拿开时，焊膏就会留在 PCB 电路板的焊盘处，如图 5.1.1(e)所示。

(a) 焊膏印刷机

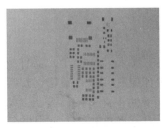

(b) 焊膏印制模板

(c) 电路板的固定方法

(d) 刮焊膏的方法

(e) 有焊膏和无焊膏的电路板

图 5.1.1　焊膏印刷机及手工刮焊膏

MP3-FM 贴片的基本操作流程为：PCB 检查→PCB 定位→刮焊膏(焊膏印刷机模板)→PCB 上焊膏检查→手工贴片→贴片元件检查→修复处理。贴片前的步骤如下：

(1) PCB 检查：对于使用 SMT 的电路板，由于电路板的印制导线都比较细，所以需要在放大台灯或在 PCB 检测仪上观察，主要检查 PCB 的印制导线有无开路、短路现象。

(2) PCB 定位：手工刮焊膏前需要把电路板放到丝印上与刮焊膏的模板准确定位，也就是电路板上的焊盘应该与模板上开孔的位置相对应，确保在刮焊膏时焊膏能够附着在电路板的焊盘上。

(3) 刮焊膏(焊膏印刷机模板)：PCB 板与模板准确定位后，就可以在焊膏印制机的模板上方刮焊膏了。在刮焊膏之前，应该把焊膏搅拌均匀，再把少量焊膏放到模板上，刮刀与模板形成 45°～60°角，用双手由上而下把焊膏刮到 PCB 的焊盘上。此时，用力要均匀不能太大，以避免焊膏在电路板上溢出。刮的动作应一直持续到在模板下方看不到电路板的焊盘为止，一般刮 2 到 3 次即可，掀开模板就可以见到焊膏的电路板。

(4) PCB 焊膏检查：检查 PCB 焊盘上是否刮有焊膏，如果发现集成电路引脚有焊膏粘连在一起，可以用牙签把焊膏分开。同样，如果个别焊盘上没有焊膏，也可使用牙签把焊膏点在焊盘上。检查无误后，再进行电子元器件的装贴，这一点很重要。

3. 焊膏选择

本实验过程使用的是无铅锡膏。它由锡、银、铜三部分组成，它们的含量分别为 96.5/%、3.0%、0.5%，其熔点为 217℃。其特点是使用特殊助焊液及氧化物含量极少的球形锡粉研制而成，由银和铜来代替原来的铅的成分。无铅锡膏适用于不耐高温的 PCB 或元器件的焊接工艺，降低了对工艺中焊接设备的要求。

4. 电子元器件贴装

本实验方法是把 MP3-FM 播放器需要装配的贴片元件分别放在流水线的 40 个工位上，而且每一个工位元件盒内放置的元器件及参数各不相同。流水线工位图如图 5.1.2 所示。在每一个工位的上方贴有电子元器件的装配位置示意图。例如，R5、R7 装配位置如图 5.1.3 所示。而且在每一个工位上均配置了温度可调焊台、数字万用表、放大台灯、镊子、斜口钳、小起子、胶枪等工具，如图 5.1.4 所示。

图 5.1.2　流水线工位

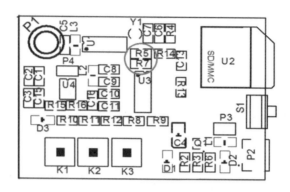

图 5.1.3　MP3-FM 播放器贴片元件的装配位置示意图

图 5.1.4　贴片装配工具

5．贴片方法

本书中采用手工贴装方法，即用镊子夹住微小元件装贴在涂有焊膏的 PCB 板上，再将元件焊接端与两端焊盘对齐，并居中贴放在焊盘焊膏上，有极性的元件的放置方向要符合图纸要求，确认准确后用镊子轻轻揿压，使元件焊接端浸入焊膏。手工贴装方法如图 5.1.5 所示。

图 5.1.5　手工贴装方法示意图

放置元器件应遵循先中间后两边、先装小元器件后装大元器件、先芯片后外围器件的顺序，且贴装的元器件应一次性完成。放置元件时切勿将元件与元件连在一起，保证放置的器件正确，例如集成电路引脚、电容、二极管、三极管、LED 极性等不放错。放置好后的元器件应保持纵横向整齐、平整、稳固可靠，检查焊膏有无桥接现象等，处理好后再进入回流焊工序。

6. 贴片步骤

(1) 检查印制板的外观及刷锡膏是否合格。在贴片前应首先按照工艺文件对物料进行核对，保证元器件本体标识、物料盒标识与工艺文件中规定的物料规格型号一致。

(2) 按照工艺文件规定的位置和方向放置元件，有极性的元器件要注意其极性。应尽量减少用手直接接触元器件，以防止元器件的焊端氧化。

(3) 放置元器件时，应尽量抬高手腕部位，同时手应尽量少抖动，以防将印刷的锡膏抹掉或将前工序已贴好的元器件抹掉或移位。焊盘上的焊锡膏被破坏会影响焊接质量。

(4) 将元器件放到焊盘上后需要稍稍用力将元器件压一下，使其与焊锡膏结合良好，防止在传送的途中元器件移位。但是不可用力过大，否则容易将锡膏挤压到焊盘外的阻焊层上，容易产生锡球。

(5) 放置元器件时尽量一次放好，特别是多个引脚的集成电路，因为引脚间距很小。如果一次放不好，就需要修正。

(6) 禁止将元器件在印制板上推行到位，因为这样会造成贴片元器件焊接端面或电路板焊盘上的焊膏脱离焊盘，引起焊接故障并影响可靠性。同时，这还会破坏焊盘上的锡膏，使其连在一起，易造成虚焊或连焊。

(7) 如果一次没有贴正，则需要将元件吸起来重新对准再贴片，严禁拨正；否则容易出现桥接等不良现象。

(8) 在贴片过程中产生的贴片误差应符合标准。若发现贴片元器件之间有相碰及缺陷问题，需要在焊接前及时处理。

7. 贴装元器件的三要素

(1) 贴装元器件要正确。要求各装配位号元器件的类型、型号、标称值和极性等特征标识要符合产品的装配图和明细表要求，不能贴错位置。

(2) 贴装元器件的位置要准确。元器件的端头或引脚都应该尽量与焊盘图形对齐，居中贴片时元件宽度方向有 3/4 以上搭接在焊盘上，如图 5.1.6 所示。如果其中一个端头没有搭接到焊盘上或没有接触焊膏，再流焊时就会产生移位或吊桥。如果贴片位置超出允许的偏差范围，必须进行人工拨正后再进入再流焊炉焊接；否则回流焊后返修会造成时间、材料的浪费，甚至会影响产品的可靠性。

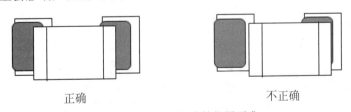

正确　　　　　　　　　　　　不正确

图 5.1.6　手工贴片的位置要求

(3) 贴装元器件用力合适。贴片用力过小，元器件焊接端或引脚会浮在焊膏表面，焊膏粘不住元器件，PCB 在传送和回流焊时容易使贴片产生位置偏移。贴片用力过大，焊膏挤出量过多，容易造成焊膏粘连，回流焊时容易产生桥接，PCB 在传送时同样也会造成贴片位置偏移，严重时还会损坏元器件。

5.2 MP3-FM 播放器焊接

把装贴有元器件的电路板放到回流焊设备中进行焊接是焊接的一种方法。本工程实验使用的是八温区回流焊，是目前标准的无铅回流焊设备。通常，选择何种温区的温度设置主要是通过多轮实验并根据锡膏与所焊接的 PCB 来确定。设置好温区后一般不需要经常调整，焊接时应严格按照操作流程、工艺方法进行操作，需手工焊接的电子元器件应在回流焊结束后再进行手工装配焊接。

1．焊接的基本流程

焊接的基本流程是：贴片检查→回流焊→焊接后的质量检查→修复(手工)。

(1) 贴片检查：检查刮完焊膏后电路板上贴装的元件是否符合要求。例如，电阻、电容、电感、二极管、LED、三极管、集成电路的极性有无贴错，贴片元件有无碰在一起，焊膏有无桥接，特别是集成芯片的引脚之间有无焊膏挤在一起。

(2) 回流焊：把贴有元器件且经过检查符合质量要求的电路板放到回流焊设备中焊接。

(3) 焊接后的质量检查：主要是检查电路板的焊接质量，例如电路板上的元器件是否出现吊桥、虚焊、桥接、挤在一起的现象。

(4) 修复：对于质量检查中出现问题的电路板，应利用热风焊台进行手工修复处理。修复工作是一项技术活，需要耐心和工作经验。

2．回流焊设备温区功能描述

八温区的回流焊设备是目前标准的无铅回流焊设备。通常，各温区的温度设置主要是与锡膏和所焊器件产品相关，每个区的作用都是相当重要的，一般分为升温区、保温区、快速升温区、焊接区、冷却区 5 个温区。原则上来说，没有哪个区是关键，因为品质要做好，哪个区都很重要。焊接的品质需要通过实践的检验。本工程实验回流焊设备如图 5.2.1 所示。

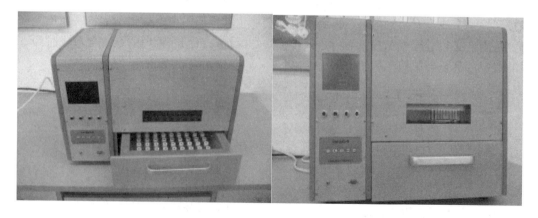

图 5.2.1　回流焊设备

回流焊接温度曲线如图 5.2.2 所示，此时所使用的焊膏为 Sn631/Pb37，熔点为 183℃。

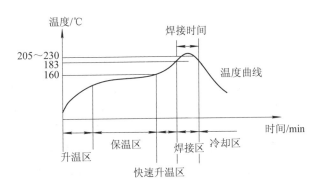

图 5.2.2　回流焊接温度曲线

3．操作方法

将贴有元器件的电路板放到回流焊箱体中，在回流焊前应反复检查贴片元件是否贴好，以防电路无法正常工作。例如，电阻、电容、二极管等极性、参数是否正确。摆放在箱体内的焊接电路板应该整齐，不得叠加在一起，如图 5.2.3 所示。同时应保证回流焊各个温区和速度合适，以防芯片及元器件因焊接温度过高而烧坏，从而导致电路无法正常工作。

图 5.2.3　电路板在回流焊箱体内的放置方法

5.3　焊接后的质量检查

如今由 SMT 组成的产品日趋完善，电子元件越来越小，布线越来越细，电路越来越复杂，新型元器件发展越来越迅速，使 SMT 的质量检测技术越来越复杂。在 SMT 复杂程度提高的同时，电子科学技术的发展，特别是计算机、光学、图像处理技术的飞跃发展也为开发 SMT 检测技术提供了技术基础。在 SMT 生产中正越来越多地引入各种自动测试方法，例如元件测试、PCB 光板测试、自动光学测试、X 光测试、SMT 在线测试、非向量测试以及功能测试等。究竟采用什么方法(或几种方法合用)，应取决于产品的性能、种类和数量。在许多情况下，对元件及 PCB 光板特别是印刷焊膏后的测试，会使产品的故障率大大降低。本节主要介绍各种元器件焊点质量要求与焊点缺陷的种种表现，最后对 SMT 生产中经常出现的焊接缺陷进行分析，并提出相关解决方法。

5.3.1 焊接检测

1. 连接性测试：人工目测检验(加辅助放大镜)

在 SMT 生产中，人们习惯用肉眼或者辅助放大镜、显微镜进行检测，这基本上能满足对除 BGA 和 CSP 等元件以外的元件的焊点的观察。被焊接产品能正常工作，互连图形完整无缺，元件不错焊、不漏焊，焊接点无虚焊、无桥连是人工目测检验的主要检查点。检查中还可以借助金属针或竹制牙签，以适合的力量和速度划过 PCB 上元器件的引脚，并依靠手感及目测进行综合判断。这种方法对 IC 引脚是否有虚焊或桥连的检查有着良好的效果，它也是最基本的检测手段。

优良的焊点外观通常应满足下列要求：

(1) 润湿程度良好。

(2) 焊料在焊点表面铺展均匀连续，并且越接近焊点边缘焊料层越薄，对于焊盘边缘较小的焊点应见到凹状的弯月面，被焊金属表面不允许有焊料的阻挡层及其他污染物。

(3) 焊点处的焊料层要适中，避免过多或过少。

(4) 焊点位置必须准确，元件的端头或引脚应处于焊盘的中心位置，宽度及长度方向不应出现超越现象。

(5) 焊点表面应连续和圆滑，对于再流焊形成的焊点应有光亮的外观。

2. 焊接缺陷的分类

焊接缺陷可以分为主要缺陷、次要缺陷和表面缺陷。凡使 SMT 功能失效的缺陷称为主要缺陷；次要缺陷是指焊点之间润湿尚好，不会引起 SMT 功能丧失，但会影响产品寿命的缺陷；表面缺陷是指不影响产品功能和寿命的缺陷。

通常，主要缺陷必须进行修理，次要缺陷和表面缺陷是否需要修理，由缺陷的严重程度及产品的用途决定。

(1) 桥连/桥接：焊料在不需要的金属部件之间产生的连接，如图 5.3.1 所示，它会造成短路现象。各种元件焊点均可能发生此缺陷，出现时必须及时处理。

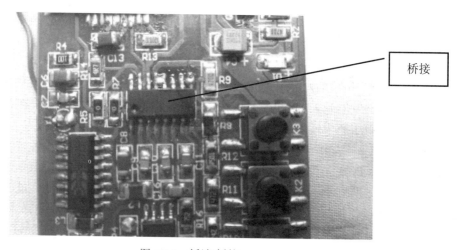

图 5.3.1　桥连/桥接

(2) 立碑：再流焊中，片式元件焊接后经常出现元器件立起的现象，称为立碑，也称为吊桥。立碑是 SMT 生产中常见的缺陷，主要出现在重量很轻的片式阻容元件上，如图 5.3.2 所示。

图 5.3.2　立碑

(3) 错位：因元件位置移动而出现的开路状态，各种元器件引脚均可能发生错位，如图 5.3.3 所示。

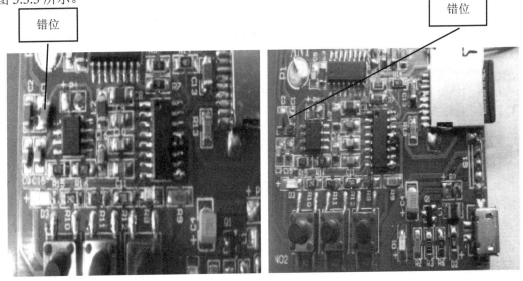

图 5.3.3　错位

(4) 焊膏未熔化：SMT 通过再流焊炉焊接后，元器件引脚上出现焊膏未熔化的现象，各种元件均可能发生。

(5) 吸料/芯吸现象：焊料不是在元件引脚根润湿，而是通过引脚上升到引脚与元件本体的结合处，类似于油灯中的油上升到灯芯上端。

(6) PCB 的质量检查：优良的 PCB 状态是在焊接后仍应保持完好状态，阻焊膜经过焊接和清洗工艺以后不出现脱落、裂痕和起泡，色彩不应发黄(高温引起)，PCB 基板不应出现分层、弯曲和银条分离。

5.3.2 常见的质量缺陷及解决办法

1. 立碑现象的产生与解决办法

立碑现象发生的根本原因是元件两边的润湿力不平衡，因而元件两端的力矩也不平衡，从而导致立碑现象的发生。下列情形均会导致元件两边的润湿力不平衡：

(1) 焊盘设计与布局不合理。如果元件两边的焊盘之一与地相连接或有一侧焊盘面积过大，则会因热熔量不均匀而引起润湿力不平衡。PCB 表面各处的温度差过大导致元件焊盘吸热不均匀，大型器件和散热器周围小型片式元件也会出现温度不均匀。此种情形的解决办法是改善焊盘设计与布局。

(2) 锡膏与锡膏印刷。锡膏的活性不高或元件的可焊性差，锡膏熔化后，表面张力不一样，同样会引起焊盘润湿力不平衡。两焊盘的锡膏印刷量不均匀，多的一边会因锡膏吸热量增多，熔化时间滞后，从而影响润湿力不平衡。此种情形的解决办法是选用活性较高的锡膏，改善锡膏印刷参数，特别是模板的窗口尺寸。

(3) 贴片。由于 Z 轴方向受力不均匀，导致元件浸入到锡膏中深浅不一，熔化时会因时间差而导致两边的润湿力不平衡。元件贴片移位会直接导致立碑。此种情形的解决方法是：若采用贴片机贴片，则调节贴片机参数；若采用手工贴片，则减小贴片压力。

(4) 温度曲线。PCB 工作曲线不正确，原因是板面上温差过大，如炉体过短和温区太少所致。此种情形的解决办法是根据每种产品调节温度曲线。良好的工作曲线应该是：锡膏充分熔化时对 PCB/元器件热应力最小，各种焊接缺陷最低或无。通常最少应测量以下三个点：

(a) 焊点温度在 205～220℃ 之间；

(b) 最大 PCB 表面温度小于 240℃；

(c) 元件表面温度小于 230℃。

2. 焊接缺陷的原因分析

(1) 温度曲线不正确。

再流焊温度曲线可以分为四个区段，分别是预热、保温、再流和冷却。预热、保温的目的是使 PCB 表面的温度在 60～90 s 内升到 150℃，并保持约 90 s，这不仅可以降低 PCB 及元件的热冲击，更主要的是还可以确保锡膏的溶剂能部分挥发，不至于在再流焊过程中，由于温度迅速升高时因溶剂太多引起飞溅，以致锡膏冲出焊盘而形成锡珠。因此，通常应注意升温速率，采取适中的预热，且有一个很好的平台使溶剂大部分挥发，从而抑制锡珠的生成。

(2) 焊膏的质量。

焊膏中金属含量通常在(90±0.5)%，金属含量过低会导致焊剂成分过多，而过多的焊剂会因预热阶段不易挥发而引起锡珠。由于焊膏通常是冷藏的，当从冰箱中取出且没有足够的升温时间时，会导致水蒸气进入。另外，焊膏瓶的盖子每次使用后应拧紧，若没有及时盖严，也会导致水蒸气进入，从而影响焊接质量。

同样，放在模板上印制使用的焊膏在完工后，剩余部分应另行处理。若再放回原来的焊膏瓶中，会引起瓶中焊膏变质，也会产生锡珠。

(3) 印刷与贴片。

在印刷工艺中，由于模板与焊盘发生偏移，若偏移过大则会导致焊膏浸流到焊盘外，加热后容易出现锡珠。因此，应仔细调整模板的装夹，确保模板不应有松动现象。此外，印刷环境也会导致锡珠的生成，环境的温度为 25±3℃，相对湿度为 50%～65%时较为理想。

(4) Z轴压力。

贴片过程中 Z 轴的压力是引起锡珠的一项重要原因，但往往不被人们所注意。部分贴片机由于 Z 轴头是依据元件的厚度来定位，因而会引起在元件贴到 PCB 上一瞬间将锡膏挤压到吸盘外的现象，这部分锡膏显然会引起锡珠。这种情况下产生的锡珠尺寸稍大，通常只要重新调节 Z 轴高度，就能防止锡珠的产生。

(5) 模板的厚度与开口尺寸。

模板的厚度与开口尺寸过大会导致锡膏用量增大，引起焊膏漫流到焊盘外，特别是用化学腐蚀方法制造的模板。其解决办法是选用适当厚度的模板和开口尺寸的设计，一般模板开口面积为焊盘尺寸的90%为宜。

3．修复实例

MP3-FM 播放器回流焊后的电路板，由于各种原因会使少数贴片元件存在焊接质量方面的问题需要修复。修复中，除了需要专业工具外，还需要实验者有足够的耐心与技巧。有条件的情况下可采用返修台进行电路板的修复处理，一般经济实用的方法是使用热风枪和放大台灯观察修复，检查内容主要是看电路板有无短路、开路、吊桥、桥接等现象，并针对这类现象进行有效处理。例如：

(1) SD 卡套的 4 个定位孔是出现问题最多的地方，其主要原因是 SD 卡套的 4 个定位孔没有落在定位孔中，使连接外壳的 4 个引脚没焊接上。另外，卡套的 9 个引脚处于悬空状态，从而出现虚焊导致 MP3 无法正常播放，如图 5.3.4 所示。

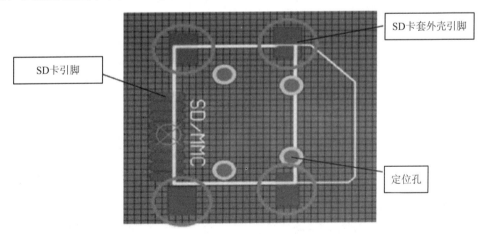

图 5.3.4　SD 卡套的四个连接外壳的引脚

(2) 在电路板上，R5 和 R7 两个电阻处于平行和垂直状态，贴片元件时很容易贴错。例如本来应该是横着的，焊成竖着的，结果导致 MP3 和 FM 收音无法正常播放，如图 5.3.5 所示。

(3) 在电路板上，如果 R15 和 R16 出现虚焊，就会导致扬声器发出沙沙声音或者不会发出声音等现象。

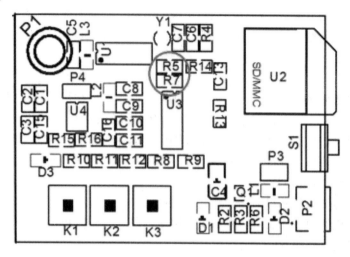

图 5.3.5　焊接 R5 和 R7 两个电阻的方向

第6章 MP3-FM功能检查与技术指标测试

MP3-FM 功能检查与技术指标测试的目的是诊断电路系统中各电子元件、集成电路模块、元器件焊接点、功能操作键的正常工作情况。因为一个或多个部件故障会使系统产生功能异常，导致 MP3-FM 播放器不能正常工作。因此，可以根据电路系统工作原理及模块功能作用分块进行检查与测试，目的是检查电路设计和工艺制造正确与否。为此，需要建立一套规范的检查、分析与操作方法。

在检查与测试过程中，可通过检测来分析判断各电路单元的工作情况，对电路进行有针对性的故障排除和性能指标测试，实现自行设计、制作、电路功能实现检测等多方面的系统训练。本章目标是使学生具备电子测量技术及电子产品检验的相关知识与技能，通过电子测量技术理论知识的学习及电子产品检验实训过程的训练，提高学生的电子测量技术综合应用能力水平，帮助学生完成从课堂知识学习到生产工作实践的理念转变。同时，实训操作将加强学生的规范与标准意识，使学生能够成为电子整机设计、制作、服务、技术管理及高素质劳动者和高级技术应用型人才。

6.1 功 能 检 查

功能检查是通过 MP3-FM 播放器的操作键来实现的，具体检查方法如下：

1．系统功能检查

初步检查过程可参考表 6.1.1 和表 6.1.2 所示说明进行处理，在插入存有歌曲信息的 SD 卡的情况下判断芯片工作状态。

表 6.1.1　按键功能指示

操作功能键作用	短按	长按
K1	下一首歌曲/电台	音量↓
K2	暂停/播放/搜寻电台	FM/MP3 状态切换
K3	上一首歌曲/电台	音量↑

(1) 收听 FM 电台检查：K1、K3 在 FM 状态下实现电台选择时需要有电台存储，否则功能无法实现；若无电台存储，可通过 K2 搜寻电台功能进行搜台(搜寻完成后所有搜到的电台都将自动存储)，搜寻完成后即可利用 K1、K3 进行电台选择。同时需注意的是，由于该电路具有记忆功能，在下一次开机后将继续上一次关机时的电路工作状态。

(2) 播放 MP3 检查：必须在插入存有歌曲信息的 SD 卡的情况下进行，同样可以通过

K2 完成播放/搜寻功能的切换。K1 实现下一首歌曲/音量↓选择，K3 实现上一首歌曲/音量↑选择作用。

表 6.1.2　信号灯指示状态

灯光指示 播放模式		电量正常状态			低电量状态		
		闪烁	ON	OFF	闪烁	ON	OFF
FM 模式	搜寻电台 过程中	每秒 4 次	0.125 s	0.125 s	每秒 4 次	0.125 s	0.125 s
	播放电台 过程中	常亮			每秒 4 次		
MP3 模式	播放歌曲 过程中	每秒 1 次	0.5 s	0.5 s	每秒 4 次		
	暂停歌曲 播放	常亮			每秒 4 次		

2．电路元件检查

MP3-FM 焊装后主要存在以下两个方面的问题：

(1) 出现问题最多的地方是 SD 卡套的四个连接外壳的引脚，这四个引脚没有焊上，从而导致 MP3 无法正常播放。另外，SD 卡套的另外九个引脚如果出现虚焊也会导致 MP3 无法正常播放，如图 6.1.1 所示。

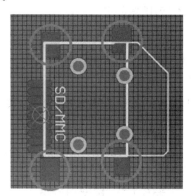

图 6.1.1　SD 卡套连接外壳的四个引脚

(2) R5 和 R7 两个电阻的方向焊反了，如图 5.3.5 所示，即本来应该是横着的，焊成竖着的，从而导致 MP3 和 FM 收音无法正常播放。

可以播放 MP3 而不能播放 FM 收音机原因有以下两个：

(1) 焊接晶振时间过长导致晶振烧坏无法正常工作。它的解决方法是在焊接晶振时要将足够长的引脚露在外面，且焊接时间要尽量短。

(2) 电感 L2 出现虚焊，导致收音机芯片没有电势参考点，从而无法正常工作。它的解决方法就是对 L2 的两个引脚添加焊锡。

音量加不了的原因在于 R12 阻值不合适，适当增加 R12 阻值即可，可以用 682 或者 752 的电阻。

充不了电的原因有以下两个：

(1) MINIUSB 接口的五个引脚出现虚焊，需要补充焊锡。注意：只需焊接第一引脚和第五引脚即可，中间可悬空。

(2) 二极管 D2 方向装反了，将其调整正确即可。

在结束回流焊焊接过程后，需要严格检查各个元器件是否出现虚焊，出现虚焊的地方需要手工添加焊锡。对三个主要的芯片如果没有特殊或必要的情况，禁止对其进行任何焊接操作。手工焊接电池、扬声器、电源开关、天线等，所有器件焊接工作完成后就可以进行调试。

6.2 MP3-FM 播放器技术指标测试

经过设计制作完成后的电子产品，在各个阶段都需要进行反复多次检验测试以确保产品质量符合系统设计要求。电路的技术指标要求一般根据产品的结构性能进行测定。一般有集成电路的管脚电压、波形产生、输入输出波形等技术测试，其目的是通过技术指标的检测反映系统电路的工作情况与电子产品的质量。本节主要讨论的是 MP3-FM 播放器的技术指标测试。

6.2.1 技术指标测试内容及设备

通过综合技术指标的测试加深对 MP3-FM 的工作原理的理解，达到理解 MP3-FM 主要技术指标的含义的目标，掌握正确使用电子测量仪器的方法，掌握 MP3-FM 技术指标的测试和基本计算方法。

1. 技术指标内容

(1) 灵敏度：用来表示收音机接收微弱信号的能力。灵敏度高的收音机能接收远地电台的微弱信号，同样规格的收音机灵敏度高的接收到的电台信号多。灵敏度的表示方法有两种：① 采用磁性天线的收音机是以天线所接收到的信号电场强度来表示的，单位是毫伏/米，即用 mV/m 来表示；② 采用拉杆天线或外接天线的收音机，其灵敏度是以天线上接收到的信号电压的大小来表示的，单位是微伏，即用 μV 表示。灵敏度和噪声有密切的关系，高灵敏度要求收音机有足够的增益，但增益增大的同时也使得噪声增大，收音机的灵敏度受到内部噪声的限制。因此，在一定输出功率和信噪比的前提下，信号电场强度或信号电压的值越小，灵敏度越高。

(2) 选择性：表示收音机在不同频率的电台信号中选取所需的信号的能力。若调幅广播的频率间隔标准为 9 kHz 时，则收音机的选择性指标是以信号偏调中心频率 ±9 kHz 时的偏调衰减量来测量的，通常用分贝表示；收音机的选择性除了天线输入调谐回路的选择能力外，主要由中频放大级的特性来决定。不同等级的收音机，选择性指标不同。选择性不好的收音机，会有"串台"现象。

(3) 比特率：它是指每秒传送的比特(bit)数，单位为 b/s。比特率越高，传送数据速度越快。它作为一种数字音乐压缩效率的参考性指标，比特率表示单位时间(即 1 秒)内传送的比特数，通常使用 kb/s(通俗地讲就是每秒钟 1024 比特)作为单位。CD 中的数字音乐的比特率为 1411.2 kb/s(也就是记录 1 秒钟的 CD 音乐，需要 1411.2 × 1024 比特的数据)，音乐文件的比特率越高是意味着在单位时间(1 秒)内需要处理的数据量越多，也就是音乐文件的音质越好的意思。

声音中的比特率是指将模拟声音信号转换成数字声音信号后，单位时间内的二进制数据量，是间接衡量音频质量的一个指标。也可以说声音的比特率是声音由模拟格式转化成数字格式时的采样率，采样率越高，还原后的音质就越好。

(4) 输出功率：输出功率是指收音机输出的音频信号强度的特性，通常以毫瓦(mW)、瓦(W)为单位。一般要求收音机输出功率大一些，因为大功率的收音机可以改变音量，使失真度更小，音响效果宽厚圆润。由于同样的收音机在输出功率愈大时，失真也愈大，因此比较两台收音机的输出功率大小时，必须同时比较它们的失真度指标，在失真度相等的条件下，一般额定功率越大越好。

(5) 频率范围：频率范围简称波段，即指收音机所能接收的频率范围。它反映了收音机的频率覆盖能力。中波波段为 535～1605 kHz，其频率覆盖系数为 1605/535 = 3。短波波段为 1.6～26 MHz。超短波波段是 38～108 MHz。在此范围内，收音机灵敏度所及的电台都应接收到信号。

(6) 频率响应：反映了功率放大器在放大音频信号过程中，当频率发生变化时功率放大器电压增益的变化情况。

(7) 信噪比：即 SNR 或 S/N(Signal-Noise Ratio)，是指一个电子设备或者电子系统中信号与噪声的比例。这里面的信号是指来自设备外部需要通过这台设备进行处理的电子信号，噪声是指经过该设备后产生的原信号中并不存在的无规则的额外信号(或信息)，并且这种信号并不随原信号的变化而变化。

狭义地讲，SNR 是指放大器的输出信号的功率与同时输出的噪声功率的比，常用分贝(dB)数表示。设备的信噪比越高表明它产生的噪声越少。一般来说，信噪比越大，说明混在信号里的噪声越小，声音回放的音质越高，否则音质越低。信噪比一般不应该低于 70 dB，高保真音箱的信噪比应达到 110 dB 以上。

(8) 失真度：失真度是衡量电声系统的重要指标之一，通常用失真度仪来测量放大器、电声设备和信号发生器输出的失真度。其一般技术指标为频率范围为 10 Hz～200 kHz，失真度范围为 0.01%～100%，精确度为 ±5%～10%。

信号失真的程度可用非线性失真系数或失真度表示。其定义是全部谐波能量与基波能量之比的平方根值。对于纯电阻负载，其定义为全部谐波电压(或电流)有效值与基波电压(或电流)有效值之比。失真度也可用其近似值 K0 来表示 K 与 K0 的关系，可按下列方式换算：当 K=10% 时，K 与 K0 相差 0.5%；K=20% 时，K 与 K0 差 2%。K 越大则相差越大。

(9) 电源功耗：收音机正常工作时，电源电压与整机消耗电流的乘积称为电源功耗，主要指两种情况，一是指无信号输入时的消耗，用来表示电路系统处于静态工作条件下的工作电流；二是指最大功率输出时的消耗，电源功耗越小越好。

2. 测试设备

(1) 万用表　　　　　　一台；

(2) 示波器　　　　　　一台；

(3) 信号发生器　　　　一台；

(4) 直流稳压电源　　　一台；

(5) 音频毫伏表　　　　一台。

在本实验产品 MP3-FM 播放器的电路中，各集成芯片是整个电路的核心。只有各集成芯片正常运行才能保证整个电路正常运行。因此，在对电路进行检测的时候需要了解各集成芯片是否工作正常，从而判断电路存在的问题。

6.2.2　集成芯片工作状态测量

实验产品 MP3-FM 播放器电路正常工作时，利用数字式万用表测量各集成芯片的静态工作电压是检查单元电路及整个电路系统是否正常工作的重要步骤。

下面主要介绍对 SDC、GPD2856、RDA5807、8002 的检测方法。测试内容有：SD/T 卡插入状态检测、SD/T 卡数据输入输出检测、GPD2856 数据输入输出检测、RDA5807 数据输入输出检测。其目的是了解各集成芯片的工作状态，了解各集成芯片的工作原理，了解电路检测的基本步骤。

注：在检测表中的每一项内容时，应在 MP3-FM 播放器能够正常工作的情况下进行测试，且要符合其测试条件。

1. SDC 电路单元的检查测试

(1) SDC 各管脚静态工作情况下对地电压的测量见表 6.2.1。

表 6.2.1　测试条件：播放状态为 MP3、无 SD 卡插入、工作电压 3.7 V

引脚	1	2	3	4	5	6	7	8	9
参考电压/V	0	0	3.09	3.09	3.09	0	3.09	0	3.09
实测电压/V									

(2) SDC 工作情况下的检查测试见表 6.2.2。

表 6.2.2　测试条件：播放状态为 MP3、有 SD 卡插入、工作电压 3.7 V

引脚	1	2	3	4	5	6	7	8	9
参考电压/V	0	0	3.09	3.09	3.09	0	3.09	0	3.09
实测电压/V									

SD/T 卡是本实验电路 MP3 文件的存储单元，因此主控芯片 GPD2856 对 SD/T 卡的正常读取与控制是保证 MP3 能正常播放的首要条件。当没有 SD/T 卡插入时，SD/T 卡卡槽的第 9 引脚将为高电平；当有 SD/T 卡插入时，SD/T 卡卡槽的第 9 引脚将为低电平。因此，可以通过该方法来判断 SD/T 卡是否接入电路。需测试以下两项内容：

(1) 未插入 SD/T 卡时第 9 引脚处的电压。

(2) 插入 SD/T 卡时第 9 引脚处的电压。

当有 SD/T 卡接入电路后，GPD2856 集成芯片即通过控制信号与 SD/T 卡进行数据交换。详细的电路连接形式与电路工作原理在第三章已作过详细阐述。因为 SDC 的第 5 引脚作为 SD_CLK 信号与 GPD2856 的第 14 引脚相连，SDC 的第 7 引脚作为 SD/T 卡数据输入输出引脚与 GPD2856 的第 16 引脚相连，SDC 的第 3 引脚作为 SD/T 卡命令的输入引脚与

GPD2856 的第 15 引脚相连。因此，如果电路能正常工作，即插入存有信息的 SD 卡播放 MP3 时，可在引脚 3、5、7 处用示波器和毫伏表检测信号并记录(见表 6.2.3)，否则就需要检查 SDC 的引脚贴片焊接是否符合要求。

表 6.2.3　测试条件：播放状态为 MP3、有 SD 卡插入、工作电压 3.7 V

引脚	3	5	7
示波器测量：幅值/V/频率/Hz			
毫伏表：幅值/V			

2．RDA5807 电路单元的检查测试

(1) RDA5807 电路各管脚静态工作情况下对地电压的测量见表 6.2.4。

表 6.2.4　测试条件：播放状态为 FM、无 SD 卡插入、工作电压 3.7 V

引脚	1	2	3	4	5	6	7	8	9	10	12	13	14	15	16
参考电压/V	3.05	0	0	0	0	0	3.09	3.09	1.55	3.09	0	0.02	0.01	0	3.05
实际电压/V															

(2) RDA5807 电路工作情况下的检查测试。

RDA5807 通过 I²C 总线的方式接入主控芯片中，以主控芯片的第 9 引脚为外部时钟信号接入 RDA5807 的第 9 引脚，以主控芯片的第 15 引脚为总线时钟信号线接到 RDA5807 芯片的第 7 引脚上，以主控芯片的第 16 引脚为数据信号线接到 RDA5807 的第 8 引脚上。当 MP3-FM 播放器工作在 FM 收音模式时，主控芯片就可以通过 I²C 总线向 RDA5807 发送控制信号，从而使 RDA5807 实现相应功能。

如果实验电路能正常收听播放 FM，则在 RDA5807 的 7、8、9、12、13 引脚处可用示波器、毫伏表检测到相应的信号(见表 6.2.5)，否则就需要检查 RDA5807 集成电路的引脚、外围贴片元件焊接是否符合要求。

表 6.2.5　测试条件：播放状态为 FM、有 SD 卡插入、工作电压 3.7 V

引脚	7	8	9	12	13
示波器测量：幅值/V/频率/Hz					
毫伏表：幅值/V					

3．GPD2856 电路单元的检查测试

(1) GPD2856 集成电路各管脚静态时对地电压的测量见表 6.2.6。

表 6.2.6　测试条件：播放状态为 MP3、无 SD 卡插入、工作电压 3.7 V

引脚	1	2	3	4	5	6	7	8	9	10	12	13	14	15	16
参考电压/V	3.09	3.8	0	1.5	1.49	1.5	1.49	3.41	3.08	0.01	0.01	2.96	3.09	3.09	3.09
实际电压/V															

(2) GPD2856 电路工作正常情况下的检查测试见表 6.2.7。

表 6.2.7　测试条件：播放状态为 MP3、有 SD 卡插入、工作电压 3.7 V

引脚				
示波器测量：幅值/V/频率/Hz				
毫伏表：幅值/V				

RDA5807 的第 12、13 引脚为其左右声道输出引脚，将它们分别接到 GPD2856 的第 4、6 引脚的左右声道输出引脚。这些引脚最终都接入 8002A 的第 4 脚，作为 8002A 的输入信号。

4．8002 电路单元的检查测试

(1) 8002 集成电路静态工作时各管脚对地电压的测量见表 6.2.8。

表 6.2.8　测试条件：播放状态为 MP3、无 SD 卡插入、工作电压 3.7 V

引脚	1	2	4	5	6	7	8
参考电压/V	0	1.84	1.91	1.91	3.78	0	1.9
实际电压/V							

(2) 8002A 集成电路各管脚正常工作情况下的检查测试见表 6.2.9。

表 6.2.9　测试条件：播放状态为 MP3、有 SD 卡插入、工作电压 3.7 V

引脚	4	6	8	
示波器测量：幅值/V/频率/Hz				
毫伏表：幅值/V				

声音信号是典型的连续信号，不但在时间上是连续的，而且在幅度上也是连续的。声音信号是由许多种不同频率的分量信号组成的复合信号，其频率范围称为带宽。声音主要分为音调、音强、音色三个要求。音强(响度)取决于声音的幅度，音调取决于声音的频率，音色是由混入基音的泛音所决定的。人类一般能听到频率范围为 20 Hz～20 kHz 的声音信号。因此，在 MP3-FM 播放器的检测中，在 MP3 或 FM 状态下，可以通过示波器观测 8002 的第 4 脚来判断 GPD2856 、RDA5807 是否有信号输出。

6.2.3　MP3-FM 综合电路技术指标检测

MP3-FM 播放器的性能工作情况，可以通过综合技术指标的检测数据、实现的效果来衡量。其测试内容分为 FM 收音、充电、功率放大器、MP3 播放四个部分。

1．检测内容及方法

1) FM 收音的检测

对于 FM 收音机及功率放大器技术指标的测试，可通过一台输出功率在 1～5 W，频率范围在 88～108 MHz 之间，频率设置为固定频率的调频发射机发射信号，再利用示波器及毫伏表进行检查与测试。

(1) 灵敏度检测。把调频发射机的频率设置为 88～108 MHz 之间的任意一个频率，需要注意的是该频率点的选择应该避开当地调频广播发射与接收频率。也就是说，不要在一

个频率点上出现两个信号，以免造成对测试信号的干扰。利用音频信号发生器馈入一个 400～1000 Hz 的信号到调频发射机的信号输入端，调节 MP3-FM 播放器使其处于 FM 收音状态，使播放器接收到由发射机发送的音频信号。该测试信号的频率是固定的，所以利用人耳听到声音就很容易识别出来。根据图 6.2.1 所示方式进行连接，使用示波器和毫伏表检测扬声器两端的输出电压 V_{PP}、V 电压值，此时测试到的电压值为收音机的灵敏度，并把测量结果记录在表 6.2.10 中。

图 6.2.1　灵敏度测试图

表 6.2.10　测试条件：播放状态为 FM、无 SD 卡插入、工作电压 3.7 V

测试内容	V_{pp}	V	F
接有扬声器			
不接扬声器			

(2) 选择性检测。按下 MP3-FM 播放器的 K2 键，使其工作在自动搜索状态，连接方式与图 6.2.1 相同，同样使用示波器和毫伏表观察扬声器两端的电压变化，并记录收听到的电台个数。

2) 充电电路的检测

将数据线一端接充电器，另一端接 MP3-FM 播放器 USB 接口，且 MP3-FM 播放器电源开关置于"关"的位置。电路正常时充电指示灯 LED 会亮，此时可以使用万用电表在锂电池的正负极两端测量充电电压。测量充电电流时，把数字万用表的档位置于直流 200 mA 档位，再把表笔接到 MP3-FM 播放器电源开关的两端，即可测试充电电流。

3) 功率放大器的检测

音乐系统包括功放(亦称为扩音器)，功放的性能指标主要有失真度、信噪比、输出阻抗、频率响应等。一个失真度小、频响更宽的功放能更好地表现出系统的优越性；一个与环境协调一致的功放，也会为整个系统增色不小。

测试内容：电压增益、输出功率、频率响应、信噪比、失真度、整机静态电流等。

(1) 电压增益(Av)的测量与计算。

调节信号发生器使频率 f 为 1 kHz，输出电压 V 在 10～50 mV 范围内变化。根据 8002 应用电路，把信号接到功率放大器输入端 C9 一侧，示波器与毫伏表分别接到功率放大器输出端第 8 引脚及扬声器两端(扬声器的直流阻抗 $R_L = 4 \Omega$)。要求在输出波形不失真的情况下，用示波器和毫伏表记录测量数值 V，然后计算电压增益 Av，并得知 R15 与 R16 有何关系。

(2) 额定输出功率(P_o)的测量与计算。

调节信号发生器使频率 f 为 1 kHz 保持不变，把信号接到功率放大器 8002 的输入端 C9

一侧，分别用示波器、毫伏表测量功率放大器的输出及扬声器两端的电压。用示波器观测输出电压及波形，逐步调节信号发生器的输出电压，观察扬声器两端的输出波形及电压，直到输出波形正负半周同时要出现削波、截止时，记录下当前电压 U。然后，按下式计算额定输出功率 P_o。

$$P_o = \frac{U^2}{R_L}$$

(4) 最大输出功率(P_{max})的测量与计算。

同样，调节信号发生器使频率 f 为 1 kHz 保持不变，把信号接到功率放大器 8002 的输入端 C9 一侧，分别用示波器、毫伏表测量功率放大器的输出及扬声器两端的电压。逐步调节信号发生器输出电压，用示波器观察扬声器两端的输出波形及电压，直到扬声器两端的电压幅度不能再增加时(有信号失真)，记录下当前电压 U。然后，按下式计算出最大输出功率 P_{max}。

$$P_{max} = \frac{U^2}{R_L}$$

(5) 频率响应的测量。

使信号发生器的输出电压 V 在 10～50 mV 范围保持不变，放大器的输出端负载电阻 $R_L = 4\ \Omega$(扬声器直流阻抗)。根据表 6.2.11，改变信号发生器频率 f，并将结果记入表中，再根据测量数据结果在图 6.2.2 中作出功率放大器的频率响应特性曲线(f-V)。

表 6.2.11　频率响应测量

f/Hz	50	100	200	400	600	800	1 k	3 k	6 k	9 k	12 k	15 k	18 k	20 k
输出/V														

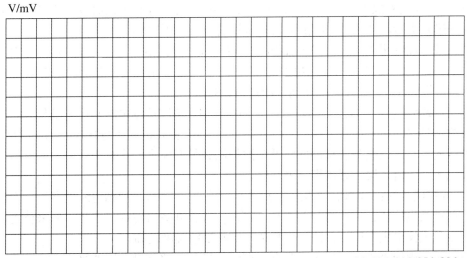

图 6.2.2　频率响应特性曲线(f-V)

(6) 功率放大器输出电阻与阻尼系数的测量。

功率放大器输出端开路电压 U_{oo}，是功率放大器的内阻 Z_o 与负载电阻 R_L 的分压，利用这一特点可测量功率放大器的输出电阻 Z_o。

① 测量方法：调节信号发生器使 $f = 1$ kHz，$V = 10$ mV，首先用示波器和毫伏表测量出功率放大器输出端开路电压 U_{oo}，再接上负载电阻 $R_L = 4$ Ω(扬声器直流电阻)，测出扬声器两端的输出电压 U_{oL}，并将结果记入表 6.2.12 中。

表 6.2.12　功率放大器相关测量

U_{oo}	U_{oL}	Z_o/Ω	D_f

② 计算方法。

输出内阻(Z_o)为

$$Z_o = \frac{R_L}{U_{oL}}(U_{oo} - U_{oL})$$

功率放大器阻尼系数 D_f 为

$$D_f = \frac{Z_L}{Z_o}$$

其中，Z_L 为规定的功率放大器的额定负载阻抗(Ω)。

(7) 信号噪声比 SNR(dB)的测量与计算。

信噪比的计量单位是 dB，其计算方法是 10 lg(PS/PN)。其中，PS 和 PN 分别代表信号和噪声的有效功率。也可以换算成电压幅值的比率关系 20 lg(US/UN)进行计算，US 和 UN 分别代表信号和噪声电压的"有效值"。在音频放大器中，我们希望该放大器除了放大信号外，不应该添加任何其他额外的东西。因此，信噪比应该越高越好。

① 测量方法：信噪比通常不是直接测量的，而是通过测量噪声信号幅度再换算出来的。通常的方法是，在功率放大器的输入端及 C9 一端加入 $f = 1$ kHz，$U_i = 0.775$ V 或 $V_{PP} = 2$ V 的正弦波信号，调整放大器的放大倍数达到最大不失真输出，记下此时放大器的输出值 US，然后拆除输入信号，再测量此时放大器输出端的噪声电压 UN。

② 计算方法：根据 SNR = 20 lg(US/UN)就可以计算出信噪比；用放大器的有效功率也可计算信噪比，即 SNR = 10 lg(PS/PN)，其中 PS 和 PN 分别是信号和噪声的有效功率。

(8) 失真度测量有直接测量和间接测量两种方法。

① 直接测量法：失真度仪由输入电平调整电路、基波抑制电路和电子毫伏表三部分组成。被测信号输入电平调整电路后，将开关置于"1"位置，电子毫伏表指示在满度(1 V)。将开关拨向"2"，调整基波抑制电路使基波抑制到最低限度。这时毫伏表的刻度即为基波与谐波电压有效值之比，直接指示失真度。

② 间接测量法：被测信号通过开关的"1"位置，经基波抑制电路调谐后，由毫伏表指示全部谐波电压值；然后将开关接至"2"，并调整衰减器使毫伏表指示原来位置。从衰减器刻度盘上读出失真度。此法操作复杂，但测量精确度较高。

信号系统中的"失真度"定义为全部谐波能量与基波能量之比的平方根值。失真有多种：谐波失真、互调失真、相位失真等。我们通常所说的失真度的技术术语为总谐波失真

(Total Harmonic Distortion，THD)。一般在多媒体音箱的功放电路上，THD 指标是指输入为 $f_0 = 1$ kHz 正弦波，功率在 1/2 额定输出功率时的总谐波失真，这个指标我们可以很容易地做到 0.5% 以下。但是，当音量开大，功放的功率接近额定功率时，THD 会开始急剧增加，这主要是由于电源功率的限制，使功放输出出现了削波现象，也就是我们所说的削波失真，这个时候它是 THD 中最主要的成分。

(9) 工作电压 $V = 3.7$ V 时，测量整机静态电流 I、最大工作电流 I_{max}。

第7章　MP3-FM 播放器总装配

装配是电子产品生产过程中极其重要的环节。一个设计精良的电子产品有可能就因为装配连接工艺缺陷或者装配方法不当导致整机不能正常工作，无法实现预定的技术指标。例如，一个固定螺钉的松动，焊接点的接触不良，电池、扬声器连接线间的短路，装配方法等方面的问题，都会给电子产品的最终装配造成巨大损失，这样的例子在实际装配中屡见不鲜。为此，掌握电子产品的装配方法是确保电子产品正常工作，实现产品设计、制造、使用、维修不可缺少的部分。

7.1　外壳加工

为了实现电子产品制作的完整性以及提高学生动手能力的培养要求，实训过程中所使用的外壳需要台钻、模具、老虎钳等设备工具进行加工处理。其中，有 2 个工作状态指示灯、3 个功能操作按键、3 个状态输入孔，可根据提供的流程方法进行加工制作。

外壳加工流程为：小音箱外壳画线→打孔→开孔→修整。

7.1.1　MP3-FM 播放器外壳加工步骤及方法

MP3-FM 播放器的外壳是通过目前市场上常用的电脑小音箱改造而成。其目的是通过系列加工制作及流程方法，使学生在实训过程中能够接触并使用更多的机械设备，掌握外壳的加工制作及机械设备的使用方法，培养学生的思维，提高学生的综合动手能力。

1. 画线

小音箱的外形结构如图 7.1.1 所示。在画线之前需要把小音箱中的扬声器拆开，以便加工处理。拆开后的音箱内部结构如图 7.1.2 所示。播放器使用的电路板放在小音箱固定柱子的中间位置，如图 7.1.3 所示。播放器的功能按键开关及指示灯开孔位置处于电路板的上方，这一点非常重要。

图 7.1.1　小音箱

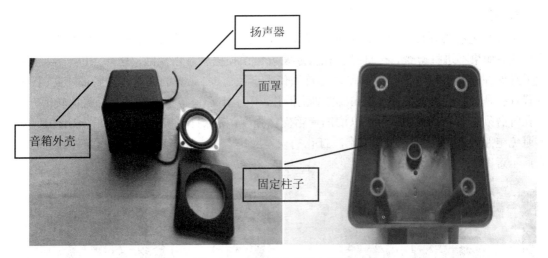

图 7.1.2　拆开后的音箱内部结构图

图 7.1.3　电路板的放置位置图

根据图 7.1.4 所示尺寸进行画线，以确保正常装配误差小于 1 mm。

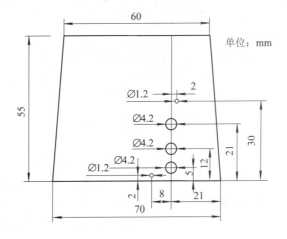

图 7.1.4　小音箱画线尺寸图

2. 打孔

在打孔之前必须反复检查画线尺寸是否符合图纸要求，在检查无误后方可使用台钻进行打孔。如果不进行检查，一旦打完孔后才发现错误损失就难以挽回，这一点也非常重要。为了确保在打孔过程中不发生偏差，可首先使用直径为 1.2 mm 的钻花在音箱的"+"图标位置打孔，然后使用直径为 4.2 mm 的钻花扩孔。由于小音箱是塑料制品且外壳比较薄，在打孔时必须把音箱的面罩套上，以增加音箱支撑强度，确保打孔操作安全，如图 7.1.5 所示。为避免电路板在总装配中安装困难，打孔的误差应小于 1 mm。图 7.1.6 所示为外壳打孔完成后示意图。

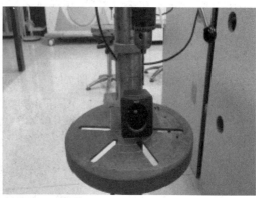

图 7.1.5　打孔方法示意图

图 7.1.6　外壳打孔后示意图

3. 开孔

因为播放器的 3 个输入状态孔是长方形的且比较小，使用台钻或其他方法难以完成且保证质量，所以要通过专用模具进行开孔。本书使用了老虎钳挤压模具的活动刀口同时完成，模具结构由固定盒子(座子)与活动刀具两个部分组成。在固定盒子(座子)的一面分别装配有两个活动刀具的限制柱，主要用于控制活动刀具的活动进深距离。活动刀上带有三个不同的刀口，模具结构外形如图 7.1.7 所示。

图 7.1.7　模具结构外形图

　　开孔方法：首先，将音箱放入模具的固定盒子内，并把活动刀具向里边推进，如图 7.1.8 所示；然后，把整个模具放到老虎钳内，慢慢旋转老虎钳的手柄，通过老虎钳挤压模具的活动刀具部分，待活动刀具与限制柱接触时，完成小音箱上输入状态孔的开孔，如图 7.1.9 所示。

图 7.1.8　音箱放入模具示意图

图 7.1.9　虎钳挤压模具开孔示意图

完成挤压开孔后，可以使用锤子反方向轻轻敲打活动刀具部分并退出，取出挤压开孔后的小音箱，如图 7.1.10 所示。

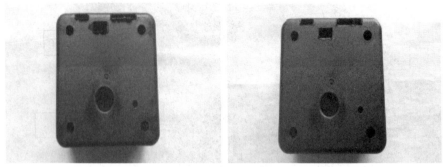

图 7.1.10　挤压开孔后的小音箱

4. 修整

在外壳打孔与模具开孔后，小音箱的开孔周边会有毛刺。最好的修整方法就是使用尖头 25 W 的电烙铁，对有毛刺的小音箱开孔部分进行烫化处理，或者使用小锉刀进行修整，使开孔处光滑符合装配要求，如图 7.1.11 所示。

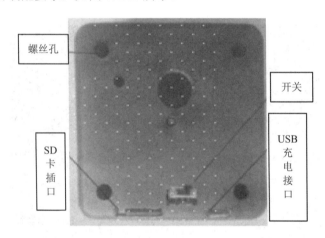

螺丝孔

开关

SD 卡插口

USB 充电接口

图 7.1.11　符合装配要求的音箱

7.1.2　MP3-FM 播放器组件装配步骤及方法

装配是把经过调试、检测，可以正常工作的播放器组件，包括 MP3-FM 播放器 PCB 电路板、天线、扬声器、电池、外壳等，在确保电池、天线、扬声器的连接线足够长的条件下进行组装。

1. 装配步骤

一般情况下，电池、扬声器的连线采用带有胶皮的导线，线径为 2 mm 的多芯塑套线铜线，长度为 12 cm 时装配起来比较适合。天线材料同样使用带有胶皮的塑套线，线径为 1～2 mm 的单芯塑套线铜线，也可以使用废弃的网络线，把最外层塑料皮剥掉，抽出其中一根使用，长度在 20～30 cm 之间为宜。如果天线太短，将影响到 FM 收音机收听信号的灵敏度。图 7.1.12 所示是待装配的 MP3-FM 播放器组件。

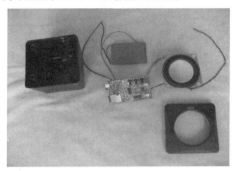

图 7.1.12　待装配的 MP3-FM 播放器组件

2．装配方法

(1) 电路板装配：首先把电路板装到小音箱盒子中。由于小音箱的外壳是梯形状，装配过程会受到电路板上 K1、K2、K3 按键开关高度的影响，会给装配过程带来困难，所以在装配时需要十分细心。一般采取的装配方法是用左手挤压小音箱的两个侧面，这样可增加电路板装配位置 K1、K2、K3 处的空间高度，然后用右手把电路板放到小音箱壳内，从而完成电路板的装配。图 7.1.13 所示是电路板的装配方法。

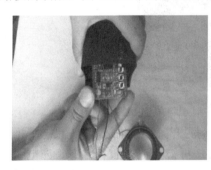 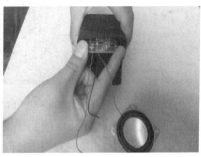

图 7.1.13　电路板的装配方法

(2) 电池、天线装配：图 7.1.14 所示是播放器电路板组件、电池、扬声器装配位置图。播放器的 FM 接收天线缠绕在外壳内部的 4 个固定柱上。为了确保电池、天线、电路板在小音箱内不晃动，可以使用塑溶胶胶枪分别在电路板、电池、天线上打塑溶胶加以固定，如图 7.1.15 所示。

图 7.1.14　电池、天线的装配位置图

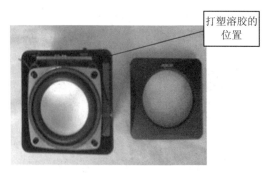

图 7.1.15　打塑溶胶的位置示意图

(3) 小音箱面罩装配：图 7.1.16 所示是 MP3-FM 播放器电路板组件、电池、扬声器装配完成图，安装完各组件后需要把背面的 4 个螺丝钉拧紧。装配完毕后晃动小音箱，若听不到任何摩擦或撞击声音则结束装配。

图 7.1.16　MP3-FM 播放器装配完成图

(4) 装配后的质量检查：打开播放器上的电源开关，在播放 MP3 状态下再晃动音箱，此时播放声音不应该有明显的变化。用同样方法再检查 FM 收音状态、充电状态、指示灯工作状态、各功能操作键是否正常。如果发现问题，需要拆开音箱做进一步检查，直到问题解决为止才算完成总装配。

附录 A　AFG310 型任意函数波形
发生器简要说明

一、概述

AFG310 型任意函数波形发生器是由泰克(Tektronix)公司生产的高档便携式信号发生器，它具有任意波形编辑功能和标准波形发生器功能，输出信号的波形、频率、幅度可通过面板的按键选定，并在显示屏上直接显示出来。频率显示位数为 7 位，幅度显示位数为 4 位。

其主要特性有：

(1) 可产生正弦波、方波、矩形波、三角波、锯齿波、直流和随机噪声等七种标准函数波形。

(2) 输出信号的频率最高达 16 MHz。

(3) 输出阻抗为 50 Ω。

(4) 三种编辑模式：连续模式、触发模式和脉冲模式。

(5) 四种调制函数：扫频、调频、移频键控、调幅。

(6) 可通过编辑功能创建和编辑波形，具有 4 个用户波形存储器。

(7) 具有 20 个设置存储器，用来存储和调用对输出信号的设置。

二、前面板各部分的名称和作用

AFG310 型任意函数波形发生器的前面板如图 A1 所示，按键简要说明如表 A1 所示。各部分的名称和详细作用如下：

① 电源开关(POWER)。

② 数字键：包括数字、小数点、符号输入键等。

③ 单位键：输入数字后需键入单位，有频率单位(MHz、kHz、Hz 等)、时间单位(μs、ms 等)、电压单位(V、mV 等)三个键。

④ 确认键：包括回车(ENTER)、取消(CANCEL)、删除(DELETE)三个键。按回车键是确认输入数据有效，按删除键是删除光标左侧的数字、小数点、符号等，按取消键是取消前面输入的值。

⑤ 光标左右移动键(《/》)：用于改变屏幕上光标的左右位置。

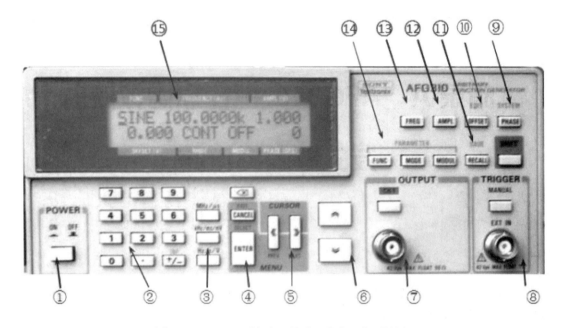

图 A1　AFG310 型任意函数波形发生器前面板图

⑥ 光标上下移动及数值增减键(∧/∨)：用于改变屏幕上光标的上下位置和改变数值。

⑦ 信号输出端口：输出阻抗为 50 Ω。其上方有一输出开关，开关按下时，输出端口可输出波形，CH1 通道指示灯亮。

⑧ 外触发输入端口：输入阻抗为 10 kΩ。

⑨ 相位设置键(PHASE)。

⑩ 直流补偿调节功能键(OFFSET)。

⑪ 设置存储/调出键。

⑫ 输出幅度设置键(AMPL)：幅度设置范围为 50 mV～10.00 V(峰峰值)，当输出端接 50 Ω 负载时，输出幅度与屏幕上显示的值相一致。

⑬ 输出信号频率设置键(FREQ)。

⑭ 参数输入键：包括波形选择键(FUNC)、模式键(MODE)、调制选择键(MODUL)。

⑮ 屏幕显示窗：显示窗显示的内容如图 A2 所示。

图 A2　屏幕显示窗

按　键	中文意思	功　能　简　介
FREQ	频率	频率调节功能键
AMPL	幅值	幅值调节功能键
OFFSET	补偿	直流补偿调节功能键
PHASE	相位	相位调节功能键
FUNC	函数	输出函数调节功能键
MODE	模式	模式选择
MODUL	调制	调制类型选择
RECALL	记忆	返回上一步或几步
CANCEL	取消	取消输入
ENTER	确认	确认选择
≪	上键	增大
≫	下键	减小
《	左键	光标左移
》	右键	光标右移
⊠	删除	删除

三、简要使用说明

1. 波形的选择

波形选择时，首先按下"FUNC"键，然后通过"上"、"下"键来选择所需要的波形，最后按下"ENTER"键，即可完成波形的选择。

2. 频率的调节

进行频率调节时，首先按下"FREQ"键；其次根据所需频率大小选择合适的档位；然后可以通过"数字区"直接输入所需频率大小，或者通过"左"、"右"键移动光标选择合适的位，再通过"上"、"下"键调节频率的大小；最后按下"ENTER"键，即可完成频率的调节。AFG310 型任意函数波形发生器的最大频率为 16 MHz。

3. 幅值的调节

信号发生器的幅值调节与频率的调节相似。首先按下"AMPL"键，然后根据所需幅值的大小通过"数字区"直接输入所需幅值大小，或者通过"左"、"右"键移动光标选择合适的位，再通过"上"、"下"键调节幅值的大小。最后按下"ENTER"键，即可完成幅值的调节。

下面以产生幅度为 1.0 V、直流偏置量为 0.5 V、频率为 10 kHz 的三角波为例来说明 AFG310 型任意函数波形发生器的使用方法。

需要注意的是，例中的幅度设置是在函数波形发生器的输出端接有 50 Ω 匹配负载时的设置方法。如果输出端所接负载变化，其输出电压也将随之发生变化。如果输出端开路，输出电压及直流偏置量将是接有 50 Ω 匹配负载时的两倍。

(1) 设置波形类型。

按下波形选择键"FUNC"，此时液晶显示器 FUNC 的下方将显示出"SINE"字样，且光标位于"SINE"处；再按光标上下移动及数值增减键(≫/≪)，直到 FUNC 下方显示为"TRIA"为止，再按"ENTER"键确认，此时波形发生器输出波形设定为三角波。

(2) 设置频率。

按下频率设置键"FREQ"，此时液晶显示器的光标在 FREQUENCY 下方的数值处，再按光标上下移动及数值增减键(≫/≪)，直到频率显示为 10.0000k。或者使用数字键直接键入数字，使频率显示为"10"，再按单位键"kHz"，最后按"ENTER"键确认。

(3) 设置幅度。

按下幅度设置键"AMPL"，此时液晶显示器的光标在 AMPL 处。按光标上下移动及数值增减键(≫/≪)，直到幅度显示为"1.000"。或者直接键入数字"1.0"，再按单位键"V"，最后按"ENTER"键进行确认。

以上三步操作完成了输出波形的种类、频率与幅度的设置，此时波形发生器就产生了相应的输出。在示波器上可以看到以零线对称轴、幅度为 1.0 V、频率为 10 kHz 的三角波了。

(4) 直流偏移值设置。

AFG310 型任意函数波形发生器在缺省状态下偏移值为 0，即 OFFSET(V)为 0.000，输出波形是以零线为对称轴的信号。若要使例中的电压波形处于 0~1.0 V 之间，就需要调整波形发生器的输出偏移值，使其偏移值为 0.5 V。操作步骤如下：按下直流偏置设置键"OFFSET"，此时液晶显示器的光标在 OFFSET 处，再按光标上下移动及数值增减键(≫/≪)。或者键入数字，使 OFFSET 显示为"0.5"，再按单位键"V"，最后按"ENTER"键确认。

至此，AFG310 型任意函数波形发生器的特点、技术指标及使用方法的相关介绍完毕。

附录 B 示波器的使用

由泰克(Tektronix)公司生产的 TDS 220 型示波器的前面板如图 B1 所示。

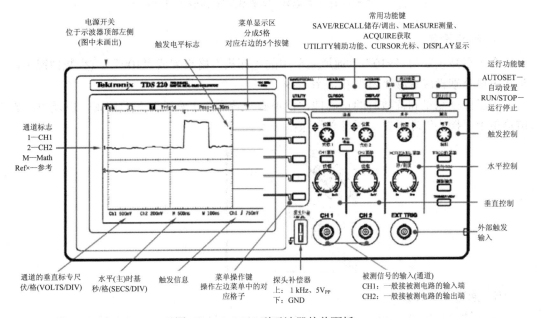

图 B1　TDS 220 型示波器的前面板

1．垂直控制系统

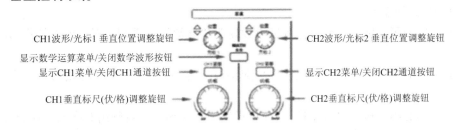

CH1波形/光标1 垂直位置调整旋钮 → ← CH2波形/光标2 垂直位置调整旋钮

显示数学运算菜单/关闭数学波形按钮 →

显示CH1菜单/关闭CH1通道按钮 → ← 显示CH2菜单/关闭CH2通道按钮

CH1垂直标尺(伏/格)调整旋钮 → ← CH2垂直标尺(伏/格)调整旋钮

2．水平控制系统

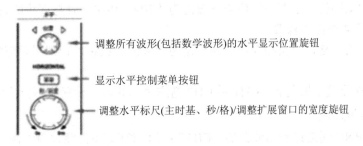

← 调整所有波形(包括数学波形)的水平显示位置旋钮

← 显示水平控制菜单按钮

← 调整水平标尺(主时基、秒/格)/调整扩展窗口的宽度旋钮

3. 触发控制系统

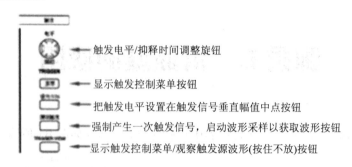

触发电平/抑释时间调整旋钮

显示触发控制菜单按钮

把触发电平设置在触发信号垂直幅值中点按钮

强制产生一次触发信号，启动波形采样以获取波形按钮

显示触发控制菜单/观察触发源波形(按住不放)按钮

4. 探头设置

探头衰减设置为"×10"，通道菜单中的"探头"格设置成"10×"。(少数情况下，探头和菜单分别设成衰减"×1"和倍率"1×")

为了保证测量和读数时的正确性，请务必检查探头上衰减开关的位置，以及对应的通道菜单上"探头"项设置，两者必须保持一致。

5. 通道菜单设置

每次使用示波器都应该检查 CH1 和 CH2 的通道设置。检查和修改的方法如下：

(1) 按垂直控制系统中的"CH1 菜单"或"CH2 菜单"按钮，显示出 CH1 或 CH2 的菜单。(循环式按钮)

(2) 菜单的第一格，"耦合"项应该设定为"交流"，否则用对应的右侧第 1 个按钮修改。

(3) 菜单的第二格，"带宽限制"项应该设定为"关闭"，否则用对应的右侧第 2 个按钮修改。

(4) 菜单的第三格，"伏/格"项应该设定为"粗调"，否则用对应的右侧第 3 个按钮修改。

(5) 菜单的第四格，"探头"项应该设定为"10×"倍率，且与探头的衰减一致，否则用对应的右侧第 4 个按钮修改。

(6) 菜单的第五格，"反相"项应该设定为"关闭"状态，否则用对应的右侧第 5 个按钮修改。

在下一次修改设定值之前，CH1 和 CH2 通道菜单的以上设置值不会改变。

6. 输入信号连接

将探头的 BNC 端连接到示波器的"CH1"(或CH2)接口(注意检查"探头衰减"和"探

头"菜单项的状态)，探头另一端的挂钩连接到被测信号的"⊕"极性端(红色)，接地夹(黑色)连接到被测信号的"⊖"极性端。

7. 获得信号的波形显示

按示波器面板上的"自动设置"键(AUTOSET)，数秒钟后，被测波形将显示在示波器上。

8. 调整信号的波形

综合使用"垂直控制"、"水平控制"、"触发控制"系统中的垂直标尺(伏/格)旋钮、水平时基(秒/格)旋钮、位置调整旋钮、触发电平旋钮，将被测信号的波形调整到合适的显示大小和显示位置。(应至少能够显示一个完整周期的完整波形)

9. 信号的测量

进行信号测量之前，请务必检查探头衰减与通道菜单探头倍率设置的一致性(应该分别为"×10"和"10×")。

(1) 手动测量。它适用于快速直观的估计，比如观察某个波形幅值是否略大于或者略小于某个值。

① 必须清晰地显示出屏幕上的网络及坐标。若显示不清晰，则用"DISPLAY"菜单调整屏幕显示的对比度。

② 精细调整波形，以便于计算波形所占的网络数。(需用到垂直和水平位置调整旋钮、粗调/微调功能)

③ 计算出波形在垂直方向上所占的格子数或坐标。(注意左侧的波形标志)

④ 计算出波形的一个周期在水平方向上所占的格子数或坐标。

⑤ 记下波形在垂直方向和水平方向上的显示比例值。(屏幕最底部的状态：垂直标尺、水平时基)

⑥ 波形在垂直方向上所占的格子数乘以垂直比例得出波形的垂直幅度。(分清 V_P、V_{PP})

⑦ 波形的一个周期在水平方向上所占的格子数乘以水平时基得出波形的周期。

粗调/微调功能：在 CH1 菜单、CH2 菜单的"伏/格"菜单格中设置。设置成"粗调"则垂直标尺的调整步进大，设置成"微调"则垂直标尺的调整步进细微。

(2) 自动测量。按"常用功能键"中的"MEASURE"键，显示系统的自动测量操作菜单。通过该菜单可以完成多种波形参数的自动测量功能：电压参数测量和时间参数测量。自动测量的结果显示在测量菜单的方格中。要使用自动测量功能，必须保证信号波形在屏幕上至少显示一个完整周期的波形。(用垂直旋钮调整"伏/格"的大小，用水平旋钮调整"主时基秒/格"的大小)

操作说明：

① 获取信号波形后，调整波形的显示大小，使其稳定、完整、正确地显示在屏幕上。

② 按"MEASURE"菜单按钮，显示出测量菜单。(若已经进行过设置，则此时即可显示出自动测量的结果)

③ 设定要测量的信号通道(CH1 或 CH2 或 Math)。在测量菜单的第一格中，按对应的右侧按钮，使"信源"反显(黑底白字)。在第二到第五格中，用对应的右侧按钮，分别设定每一格要测量的信号通道(CH1 或 CH2 或 Math)。

④ 设定要测量的参数类型(均方根值、平均值、周期、峰-峰值、频率之一)。在测量菜

单的第一格中，按对应的右侧按钮，使"类型"反显。在第二到第五格中，用对应的右侧按钮，分别设定每一格要测量的波形参数(均方根值、平均值、周期、峰-峰值或频率)。

⑤ 设定完成后，即可在对应的菜单格中读取自动测量的结果。在下次改变设定之前，测量菜单始终有效。按"MEASURE"键即可进行自动测量。

10. 电压参数

电压参数的物理意义如图 B2 所示。

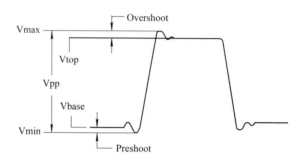

图 B2　电压参数的物理意义示意图

峰峰值(V_{pp})：波形最高点波峰至最低点的电压值。

最大值(V_{max})：波形最高点至 GND(地)的电压值。

最小值(V_{min})：波形最低点至 GND(地)的电压值。

幅值(V_{amp})：波形顶端至底端的电压值。

顶端值(V_{top})：波形平顶至 GND(地)的电压值。

底端值(V_{base})：波形平底至 GND(地)的电压值。

过冲($V_{Overshoot}$)：波形最大值与顶端值的差值与幅值的比值。

预冲($V_{Preshoot}$)：波形最小值与底端值的差值与幅值的比值。

平均值($V_{Average}$)：一个周期内信号的平均幅值。

均方根值($V_{average}$)：即有效值。依据交流信号在一个周期内所换算产生的能量，对应于产生等值能量的直流电压，即均方根值。

11. 时间参数

时间参数定义如图 B3 所示。

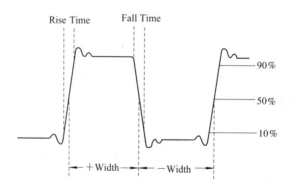

图 B3　时间参数定义示意图

上升时间(Rise Time)：波形幅度从 10%上升至 90%所经历的时间。

下降时间(Fall Time)：波形幅度从 90%下降至 10%所经历的时间。

正脉宽(+Width)：正脉冲在 50%幅度时的脉冲宽度。

负脉宽(–Width)：负脉冲在 50%幅度时的脉冲宽度。

正占空比(+Duty)：正脉宽与周期的比值。

负占空比(–Duty)：负脉宽与周期的比值。

参 考 文 献

[1] 王天曦，李鸿儒，王豫明. 电子技术工艺基础[M]. 2 版. 北京：清华大学出版社, 2009.

[2] 李敬伟，段维莲. 电子工艺训练教程. 2 版. 北京：电子工业出版社，2008.

[3] 吴建明，张红琴. 电子工艺实训教程[M]. 北京：机械工业出版社，2008.

[4] 唐树森，王立，张素鹃. 电工电子技术技能实训指导书. 北京：人民邮电出版社，2007.